高等教育"十二五"部委级规划教材

高等院校艺术设计专业系列教材

室内外手绘表现技法

SHIINEIWAI SHOUHUI BIAOXIAN JIFA

主 编 马 澜

副主编 解基程 冯芬君

参 编（排名不分先后）
肖英隽 马 雁 陆路平
王俊琪 陈 龙 谢曼星

东华大学出版社

图书在版编目（CIP）数据

室内外手绘表现技法/马澜主编. –上海：东华大学出版社，
2011.10
ISBN 978-7-81111-955-8

I. ①室··· II.①马··· III.①建筑艺术–绘画技法
IV.①TU204

中国版本图书馆CIP数据核字（2011）第208283号

责任编辑：马文娟
版式设计：魏依东

室内外手绘表现技法

主 编：马澜

出 版：东华大学出版社
上海市延安西路1882号
邮政编码：200051
发 行：新华书店上海发行所发行
电 话：021-62193056
印 刷：杭州富春印务有限公司
开 本：889×1194mm 1/16
印 张：8
字 数：282 千字
版 次：2012年3月第1版
印 次：2015年1月第2次印刷
书 号：ISBN 978-7-81111-955-8/TU·013
定 价：38.00元

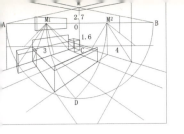

前言
PREFACE

　　熟练掌握多样的表现技法，你将会得到更多更好的设计"创意"！手绘可以说是创意的开始，所有的创意构思都离不开手绘的表达。

　　绘制手绘表现图要求设计者脑、眼、手协调、默契的配合。一个有亮点的创意、一个有创新价值的方案，需要设计师以高昂的创作热情，用最直接、最简便、最真切的手绘形式将其表现出来。手绘表现技法课是操作性很强的实践课，是环境艺术设计专业学生必须掌握的基本功，其重点在于训练学生快速表现的能力，而快速，准确而高效的徒手表现对于帮助设计师发展设计意念，拓展想像空间，以及与有关人员进行交流和探讨是十分重要的。要让学生在快速表现的基础上，对各种不同的表现技巧以及这些不同的技巧适合表现的对象有所认识和理解，并能结合自身的能力特点发展个性风格，在学习过程中应做到不断积累和总结，坚持不懈。表现技法形式多种多样。然而我的观点则是力促读者在结合本书的前提下，在实践中逐渐形成独具特色的个人表现风格，只有这样的表现图才蕴涵着特有的神韵，这就需要我们平时持笔不辍、勤绘以恒、努力追求表现过程中得心应手、游刃有余，努力达到"法无定法"的臻境。

　　室内外手绘表现技法从写实画法、界尺的画法、喷笔的画法……直到今天，技法多种多样。本教材在编写中顺应时代对专业的要求，内容上体现了室内外手绘表现图在技法、工具、材料上不断更新的特点。在表现技法阐述方面，突出了表现技法的新颖性和时代性，详细介绍了马克笔、水粉、水彩以及综合表现技法。加大了现代室内外设计中正在被广大设计师采用的表现技法的篇幅，适当缩减了现代设计中已经很少采用的表现技法。教材所选范画形韵兼备。理论部分注重阐述概念的科学性与实用性，并将室内外手绘的透视原理纳入其中，更方便了读者学习。本书可作为高等院校建筑学、环境艺术、艺术设计等专业的学习用书，同时也可供从事相关专业的艺术设计、工程技术人员参考。

　　本书在编写过程中参阅了一些国内外公开出版的书籍，令我获得不少启发，在此表示感谢。特别要感谢东华大学出版社的马文娟编辑，感谢她为本书的策划与编写所提出的建议；感谢她为本书的内容、文字所做的大量编辑、加工、润色工作，是她认真细致的工作，减少了书稿中的错漏，使此书得以顺利出版。

　　此书由马澜主持编写，并撰写第一、四、五章；冯芬君编写本书第二、三章的部分内容。本书在编写过程中，得到了许多友人的帮助，感谢给我无私帮助的肖英隽老师；感谢天津艺绘设计工作室的李磊为我提供精美图片；感谢我校环境艺术系的所有老师；还要感谢为本书提供图片的陈龙、谢曼星、张晋、章慧凰等同学；感谢对我默默支持的家人！

　　尽管编者已做了大量的努力，但由于水平有限，疏漏和错误在所难免，敬请专家和广大读者指正并多提宝贵意见，以便今后进一步提高。

　　　　　　　　　　2008年7月

目 录 CONTENTS

第一章 室内外手绘表现技法简述

章节要点:

1. 室内外手绘表现图的特点与作用。
2. 表现图的视觉效果与其准确传递设计意图同样重要。
3. 了解手绘表现图纸在整个项目设计过程中所扮演的重要角色。

　　本章通过介绍室内外表现图的概念与作用、表现图的特点、绘制工具与材料的特性以及表现图绘制的程序,让学习者对室内外设计专业有整体的认识。在学习室内外手绘表现技法时,对优秀的表现图有一个直观的感受和感性的认识。

第一节 室内外表现图的概念

　　室内外手绘表现图由于其形象性、直观性、真实性,并且能够准确地表现出室内外的空间结构以及极强的艺术感染力,当之无愧地担当起室内外设计表现的主角(图1-1、1-2)。

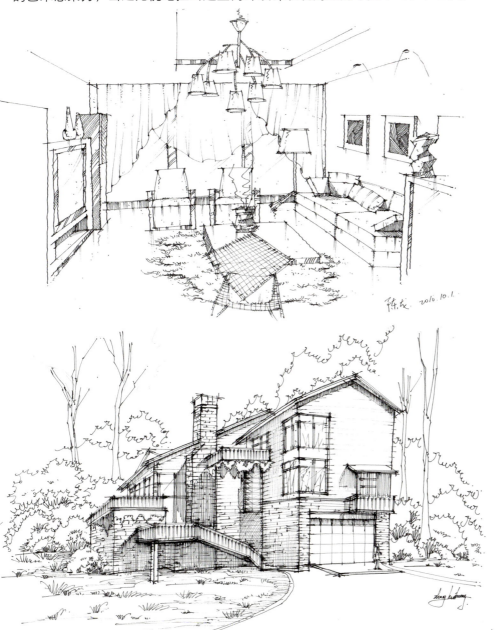

图1-1 起居室效果图

作者:陈龙

指导教师:马澜

　　这幅钢笔勾线的起居室效果图,采用了平行透视的画法,尽管室内物体并不多,但装饰物的刻画为画面增色不少。

图1-2 别墅效果图

作者:章慧凰

指导教师:马澜

　　室外建筑效果图在绘制的时候要注意光影的处理以及建筑与植物的前后虚实关系。这幅钢笔技法效果图用线条的排列表现了阳光下建筑的局部投影,又以轻松简略的笔法处理了建筑的配景,较好地突出了主体物。

一、什么是室内外手绘表现图

室内外手绘表现图是专业设计人员将其设计灵感，设计思考（创意）的抽象思维、概念通过不同形式的绘画手段或其他表现形式转换成具有视觉特征的可视形式。通常这种可视形式被称为表现图或效果图（图1-3、1-4）。

如同音乐家指尖的音符，文学家笔下的语言，室内外设计师的表现图成为反映其头脑中设计思想的传达方式，从而被人理解。进而构思才能得到认可，形成方案，最后变成现实。这种图纸不同于一般的绘画作品，它吸取了一些制图以及工程图的图示语言，运用透视法则，结合不同的表现手法，描绘出室内外空间构造、环境色彩、光影气氛以及材料质感（图1-5、1-6）。因此，设计师除了应具备一定的绘画基础之外，还应具有较强的形象思维能力和空间想象力。

图 1-3　客厅效果图
作者：潘影殷
指导教师：马澜

这是一幅钢笔速写形式的室内效果图，设计者运用成角透视画出了客厅的整体布局，线条勾勒看似杂乱，却能准确地表现室内家具的结构和透视关系。

图 1-4　客厅效果图
作者：潘影殷
指导教师：马澜

这张手绘效果图直观地反映了设计者的设计构思。作者将一个大的空间设计成两个区域，即卧室和客厅，画面线条灵动、活泼、大胆，是一副较好的快速表现图。

图1-5 别墅接待厅效果图

作者：王敬玮

指导教师：马澜

　　这幅作品内容饱满，作者使用马克笔结合彩色铅笔的画法表现了较为复杂的空间结构，成角透视让画面富有动感，但楼梯的处理尚不够严谨，地面马克笔的笔触也缺少章法。

图1-6 别墅效果图

作者：张晋

指导教师：马澜

　　别墅的红色屋顶与黄色墙面让主体更加突出，给人以积极的视觉心理效应。而配景的树木则以深色为主，局部的蓝色更是别出心裁，整幅画色彩绚丽，画面活泼跳跃。

二、室内外手绘表现图的作用

　　由于效果图的真实性和极强的艺术感染力，便于设计者与甲方（指项目委托方）之间的交流和沟通。手绘表现图的不同阶段有着不同意义和作用。

　　（一）设计构思阶段

　　能快速地表达设计师的创作灵感，直接记录设计师的思维过程（图1-7）。

　　（二）设计深入阶段

　　帮助设计师进一步确立整体设计方案，使空间塑造、色彩搭配、细部尺度更具合理性。

　　（三）设计图定稿阶段

　　能直接反映方案最终的实施效果，对工程起着决定性的作用。室内外设计表现图除了以上的作用，在竞标、投标中也起到了不可忽视的作用。在工程招标过程中，表现图的审查是招标过程的重要环节。专业设计人员可以根据表现图分析研究方案的艺术风格、设计技巧与装饰材料。将所有方案进行整体比较，选出中标方案（图1-8）。

图 1-7　快捷酒店客房效果图
作者：潘星洁
指导教师：马澜

　　这是"新人杯"设计大赛的参赛初稿，线条勾勒轻松熟练，直接表达了设计意图。

图 1-8　酒店大堂局部效果图
作者：金鑫
指导教师：王维

　　在这幅具有欧陆风情的酒店大堂一角的效果图中，作者将钢笔、马克笔、彩色铅笔综合使用，用色凝重而不沉闷，富丽庄重。不足之处是对物体的立体感表现略显生硬了，前后关系缺少虚实变化的准确控制。

第二节　室内外手绘表现图的特点

一、直观性与真实性

　　表现图是对现实生活中室内外场景的真实记录与反映，它必须能真实地再现室内空间或室外建筑及配景等；同时它也是设计师设计意图的表达手段。它应用透视学与色彩学的基本原理将现实物或设计构思绘制成图纸，以便沟通与交流。因此，直观性与真实性是室内外手绘表现图的主要特点之一。

二、准确性与说明性

　　表现图必须符合建筑空间的比例、尺度、结构等不同的设计要求。准确表现室内外的空间气氛、照明效果、材料质感、装饰特点以及色彩等。

三、科学性与艺术性

　　室内外手绘表现图是建立在科学的透视及制图原理之上，也建立在一定的艺术审美基础之上，适度的夸张与取舍能使表现图更具艺术感染力，使之成为优秀的艺术作品。

　　下面的几张效果图中既有记录建筑作品的效果图也有部分设计图纸，它们无不遵循着室内外表现图的特点，图1-9至图1-12都是记录性作品，尽管它们的风格不尽相同，但都以速写的形式表现了景观或建筑及配景。图1-13至图1-15则是三幅设计作品。图1-16是一套学生的景观设计作业，它从不同角度直观、准确地画出了规划区域的景观。

图 1-9　景观效果图

作者：王新飞

指导教师：马澜

　　这幅速写形式的景观效果图，其中钢笔线条简洁、准确，马克笔飞舞、灵动，从中我们可以看出作者对这两种绘图工具的熟练驾驭。

图 1-10　建筑外观效果图

作者：潘星洁

指导教师：马澜

　　这是一幅当代建筑的记录效果图，自由曲线向来是效果图的绘制难点，这需要作者的刻苦训练。这张作品中的主体就以曲线为主，但钢笔线条勾勒还不够流畅。值得学习的是光影的处理较好地反映了建筑的外部材质。

图 1-11　建筑外观效果图

作者：王新飞

指导教师：马澜

　　作者以简练的笔法轻松地绘制出建筑外观。

图 1-12　建筑外观效果图

作者：王新飞

指导教师：马澜

　　熟练的钢笔线条将建筑准确地勾勒出来，再加上马克笔的轻松绘制，一幅建筑速写即刻跃然纸上。

图 1-13　卫生间效果图

作者：金鑫

指导教师：王维

　　这是一幅具有装饰性风格的酒店卫生间的设计效果图，作品透视准确，线条严谨，虽然用色不多，却也反映了空间的色彩基调，美中不足的是钢笔线条太过死板。

图 1-14　起居室效果图

作者：王敬玮

指导教师：马澜

　　这幅以钢笔、马克笔、彩铅结合的室内效果图构图合理，尤其是平行透视让画面显得庄重大方，棕色系列马克笔也较好地表现出木质家具的质地，整幅画直观地表现出设计者的构思。缺点是马克笔的笔触排列不够简练，尤其是马克笔的重叠部分笔触缺少章法。

图 1-15　住宅整体效果图

作者：谢曼星

指导教师：马澜

　　这幅效果图以轴测图的透视方法绘制出住宅的整体布局，用这种方法可以将尚未分割的空间清楚地表达出来。有时作者还会以小图的形式画出室内的家具或其他空间。

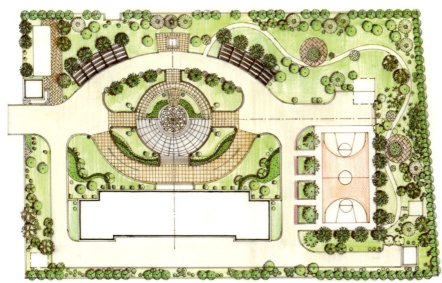

图 1-16a　景观平面规划效果图

作者：张晋

指导教师：冯芬君

　　在景观平面图的绘制时，需要严格按照实际比例严谨刻画，并且应准确依据不同植物的图例进行规范制图。这幅景观平面图在这几方面都做得很好，图中各种植栽都表现得非常清晰，让人一目了然。

图 1-16b　景观鸟瞰效果图
作者：张晋
指导教师：冯芬君

景观效果图中的建筑物一般可以只按照比例进行勾勒，无需具体描绘，但图中的植物、设施要进行具体的刻画。

图 1-16c　景观局部效果图
作者：张晋
指导教师：冯芬君

这张透视效果图选择了东面作为站点进行表现。透视图在选择角度与位置的时候，一定要选取最能表现景观内景物的地点进行绘制。这幅图层次分明，详略得当，作者将大量的笔墨用在了植物的刻画上，建筑仅以钢笔勾勒轮廓，天空则只使用彩色铅笔一带而过。

第三节　学习工具与材料

　　随着科技的进步，设计专业的不断发展，绘画的工具与材料也有了日新月异的变化。但并非工具越昂贵、越齐全，画出的图越理想。设计师一定要选择适合绘画要求的工具与材料，并运用到设计中去，方可取得事半功倍的艺术效果。

一、绘制材料与工具

　　（一）纸

　　纸的种类多种多样，可以根据不同的要求进行选择。经常使用的有水彩纸、水粉纸、绘图纸、铜版纸和复印纸。

　　（二）笔

　　不同的技法应该选用与之相适应的笔。一般在绘图中除了必备的铅笔、钢笔和针管笔之外，还有毛笔、马克笔和彩色铅笔（图 1-17a、1-17b）。

图 1-17a　彩色铅笔　　　　　　　　　　　　　　　1-17b　马克笔

（三）颜料

根据不同的表现图种类，主要有水粉颜料、水彩颜料和透明水色。

（四）绘图仪器

为了保证画面效果，应选用优质的绘图工具。主要有直尺、三角尺、丁字尺、曲线尺、比例尺、槽尺、绘图仪和圆规等。

二、绘制材料与工具的选择与使用

（一）纸张的选择与使用

纸张的选择要根据不同的技法来确定。水粉纸和水彩纸由于质地细，耐涂擦，可以用来绘制深入刻画的水粉效果图。快速的钢笔淡彩图可选用纸面较光滑的铜版纸和复印纸，因为光滑的纸面适合钢笔勾线。喷笔与手绘结合的效果图即可选用水彩纸，也可以使用装饰色纸。

（二）笔的选择与使用

水粉技法与水彩技法要选用大小白云笔，勾线笔或衣纹笔配合槽尺用来勾画线条。快速画法在起好稿后，可使用钢笔或针管笔勾线，也可直接用钢笔起稿，接下来再使用马克笔和彩色铅笔上色。

（三）颜料的选择与使用

水粉颜料由于遮盖力强，可以用来绘制水粉效果图。水彩颜料和透明水色由于较透明，是绘制铅笔淡彩和钢笔淡彩效果图的最佳选择。但要注意的是着色时要由浅到深，避免反复修改，应做到一气呵成。

（四）槽尺的使用

槽尺是绘制水粉或水彩技法时配合勾线笔画线条的理想工具(图 1-18a)。台阶式槽尺可以用两把长 40 厘米的直尺粘在一起即可。凹槽式槽尺是将长 40 厘米、宽 5 厘米的木条刨出深 0.4 厘米、宽 0.5 厘米的凹槽即可。具体使用方法是左手握尺，右手执笔（图 1-18b)，从左至右，均匀用力，即可画出粗细均匀的直线。

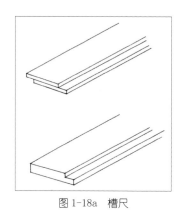

图 1-18a　槽尺　　　　　　　　　　图 1-18b　槽尺的使用方法

第四节　室内外表现图的设计程序

虽然室内外手绘表现图的绘制工具与绘制技法有所不同，但都遵循着同样的绘制程序。掌握正确的绘制程序不仅能快速绘制出理想的表现图，还能不断提高手绘表现图的绘制效果，在较短的时间内达到客户的要求。

一、与业主或甲方沟通

与业主或甲方沟通这一环节是能否很好完成设计任务的重要前提。在这个环节中设计师要深刻领会客户要求，对住宅设计要了解业主的职业与兴趣、爱好；公共空间的室内设计除了要分析客户的总体要求之外，还要从客户处了解企业经营方向和企业文化，做到有的放矢。

二、实地考察、测量

只有深入现场，感受实际环境，才能设计出好的表现图。住宅的室内设计要到现场进行实地测量，测出空间的所有尺寸，包括房高、窗的位置等，还要知道楼层，以便根据采光进行照明设计。还要视建筑是否临街决定隔音的设计处理。公共空间要根据经营内容对现有的相关企业进行考察，例如，一些大型西餐厅的设计，还要到国外进行考察。景观设计还要了解设计地点的文化背景和历史，以便使设计更具文化性。接下来要通过以上的考察、测量绘制出整体的平面图，画出草图。

三、初稿绘制

根据草图进一步完善初稿，如果是大型设计项目要准备多个方案。接下来要核对总体平面图的尺寸，再画出立面图。这时还要再次与客户交流将设计思想告知客户，看是否符合要求，以便及时讨论、修改。同时，在设计团队内对初稿进行分析和可行性的研究。

四、完成设计图

在前面的基础之上按照客户要求进一步修改设计图，并再次与客户沟通、确认。绘制准确的平面图及立面图，画出设计表现图，表现图一定要按照上述所讲的表现图的特点进行规范绘制。以下一组别墅的室内效果图，设计者在与业主沟通后将整体风格设计成欧式风格（图1-19a~1-19f）。

图1-19a　别墅入口效果图
作者：谢曼星
指导教师：马澜

住宅的室内设计必须要体现屋主的身份与气质。这副别墅入口效果图基本采用了欧式的设计风格，如顶棚的设计、入户门的设计。除此之外在绘制时作者也注意了色彩的选择，利用褐色来表现地面与门的材质，同时也烘托出室内的庄重气氛。

图 1-19b 别墅客厅效果图
作者：谢曼星
指导教师：马澜

这幅客厅效果图在视角的选择上，恰能反映室内的整体设计，透视比例关系准确。绘制手法颇有草图风格，笔触简练而不失凝重，绿色植物的装饰使画面灵动、跳跃。

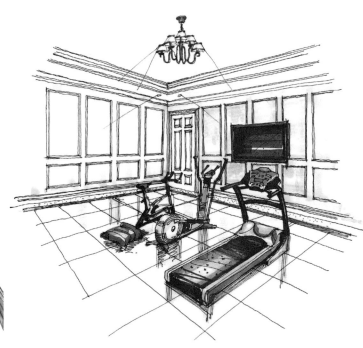

图 1-19c 别墅会客厅效果图
作者：谢曼星
指导教师：马澜

这套效果图作者的绘制手法基本相同，这幅图同图 1-19a 有共同之处，但此幅图在装饰物的绘制上不够理想，如装饰画与壁炉应该更加具体与深入。

图 1-19d 别墅健身房效果图
作者：谢曼星
指导教师：马澜

作者在健身房的设计中突出了其功能性，没有复杂的装饰，整体设计简洁、大方，将大量的笔墨用在了健身器械的绘制上。

图 1-19e 别墅主卧室效果图

作者：谢曼星

指导教师：马澜

作者为了将主卧的整体空间展现出来，选择了独特的视角，又以成角透视表现出来。绘制潇洒但不失严谨。

图 1-19f 别墅次卧室效果图

作者：谢曼星

指导教师：马澜

采用钢笔结合马克笔的技法，色调和谐明快。不足之处是作者对家具的处理显得过于简单、草率。

本章总结：

1. 表现图的价值不在于风格，而是要准确、直观地展现设计师的设计创意。

2. 表现图不是按实景临摹，其难点在于不仅要表达设计师想象当中虚构的景物，而且还要使这景物布置合情合理。

3. 表现技法与风格是设计师慢慢积累经验形成的，不能因为追求所谓的"帅"、"艺术感"，而丢失表现图的根本——准确表现设计内容，如比例、材质、结构等。

4. 依照表现图的作用，学会分辨"有用"和"没用"的表现图。

课后练习建议：

学生课后自行收集快速表现图纸，选取不同效果、特点的表现图 4~5 张，进行评价，简述每张图纸的优缺点；再将这些图纸拿给不同的非专业人员 2~3 名(非专业人员指不从事艺术设计相关专业的人)进行评价，收集这些评价信息，再比对自己的评价，看看能有什么启示？

建议以互动讨论课的形式，先由学生各自进行讲述，再由指导教师进行引导。

第二章 室内外手绘表现技法的基础

章节要点：

1. 了解一点透视、两点透视在二维图纸上的绘制原理。

2. 通过透视作图法，掌握从平面图向立体图转换的过程方法。

3. 掌握表现图中家具、配饰、植物、人物等单体及其组合的画法。

　　对于初学手绘效果图的学生而言，谈论技法言之过早。技法的基础是：首先，能将平面设计图准确绘制成立体效果图，线形比例准确；其次，透视要准确；再次，所表现色彩材质信息准确。只有在这个基础上的表现技法才能真正做到效果图应该达到的目的。相对笔法、风格、艺术效果等绘制技法反而不太重要。曾经在一所国内知名设计学院的手绘课上，学生们等到了期待已久的一位手绘大师的示范讲解，大师却只问了一句话就下课了。他问学生道："有哪位同学画过四百张效果图？画不到这个数，跟我谈技法没有任何意义。"在计算机效果图还不普及的时代，学生们把大量精力投入到手绘的练习中，通过练习量上的突破，解决比例、透视、由平面转立体的问题。然而，如今的手绘教学不可能做到如过去那般由量变到质变的漫长过程，对于绘画基础不好的学生而言，手绘成了一道难以逾越的鸿沟。加之一些同学临摹效果图的误区，致使练到最后也不能很好地掌握这门设计沟通的必要基本技能。

　　许多设计院校在手绘教学方面更多地是单讲透视、手绘表现、建筑制图的原理，然后学生通过大量练习，自行综合这三门课的知识内容，完成手绘技能的培养，在这一过程中，学生自主学习的综合应用能力是非常重要的。从设计师培养的长远角度看，这种方法对培养设计师的创造性思维、综合能力都是有益处的。但是，在这种教育方法下只有少数学生可以达到计划目标，这与生源的基础教育、国家的实用性教育思路多少有些关系。因此，直接传授比较成熟的手绘方法，比让学生自悟更有成效。虽然从长远角度看不如之前的培养思路好，但针对不同基础的学生，我们应该分别对待。本章的内容区别其他同类教材的撰写，分为两个层次：一个层次针对基础较好的学生，只讲原理，整合的方法由学生自悟；另一个层次针对基础较差的学生，通过手把手的步骤教学，传授一套相对成熟的透视应用技法。

第一节 透视基础

一、透视的基础知识

　　透视是手绘效果图的基础，理解透视的原理有助于我们把握三维空间的视觉关系。"透视"一词源于拉丁文"perspclre（看透）"。最初研究透视是采取通过一块透明的平面去看景物的方法，将所见景物准确描画在这块平面上，即为该景物的透视图。后遂将在平面画幅上根据一定原理，用线条来显示物体的空间位置、轮廓和投影的科学被称为透视学。对于基础较好的学生，其学习重点应放在透视原理部分，其他学生重点可放在透视应用部分。

　　透视分为一点透视、两点透视、多点透视三类。在手绘效果图中，基本上多使用前两种透视方式（图2-1~2-3）。

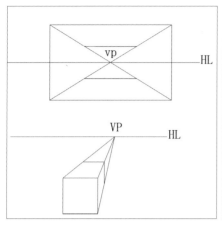

图 2-1　一点透视

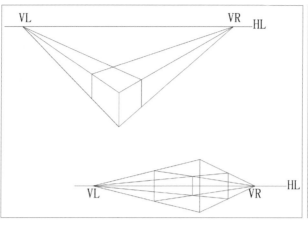

图 2-2　两点透视

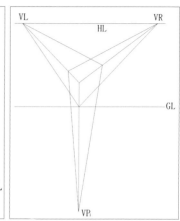

图 2-3　多点透视

学习透视制图画法之前应先了解一些关于透视的基础术语：

1. 视点：EP(eye point) 人眼的观测点。

2. 站点：SP(standing point) 人在地面上的观测位置。

3. 视高：EH(eye high) 眼睛距离地面的高度。

4. 基面：GP(ground plane) 地面。

5. 画面：PP(picture plane) 假想的位于视线前方的作图面，画面垂直于基面。

6. 基线：GL(ground line) 基面和画面的交界线。

7. 视平线：HL(horizon line) 画面上与视点同一高度的一条线，也就是说此线高度等于视高。

8. 视心：CV(center of vision) 过视点向画面分垂线，交视平线上的一点。

9. 中心视线：CVR(center visual ray) 过视点向视心的射线。

10. 灭点：VP(vanishing point) 透视线的消失点，其位置在视平线上，一点透视的消失点称 VP，二点透视的消失点称 VL（左灭点）、VR（右灭点）、三点透视则增加一个位于视平线外的灭点。

二、一点透视

当物体三组棱线中的延长线有两组与画面平行，只有一组与画面相交时，其透视线便只有一个交点，所形成的透视便只有一个灭点，故称为一点透视。由于形体的一个表面与画面平等，故也称平行透视。此方法多用于画街道、室内等的透视。

下面就以一点透视的室内空间为例，说明其画法原理（图 2-4）。

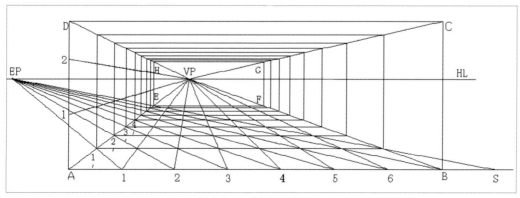

图 2-4　一点透视画法

方法步骤：

1. 根据实际尺寸，按比例画出视平面 ABCD，并延长 AB 做为基线 GL，同时在 GL 上标出尺寸点。

2. 根据比例定出视高点 EH，并过 EH 点做基线 AB 的平行线，则此线为视平线 HL。

3. 在视平线上，视平面内定出灭点 VP，然后过 VP 点分别连结点 A、B、C、D，便得到四个墙角线的透视线。

4. 在视平线上，视平面外任意定一视点 EP。

5. 按比例在基线上量出房间里的进深 S，然后连结 EP 点和进深点 S，交 AVP 于一点 E，过 E 点分别做高线 AD、基线 AB 的平行线，分别交线 BVP、DVP 于点 H、F，过 H 点做顶线 DC 的平行线，过点 F 高线 BC 的平行线，两平行线交 CVP 于一点 G，则 EFGH 为房间最远的进深平面。

6. 从 A 点开始依次量取房间 1 米进深点、2 米进深点、3 米进深点、4 米进深点……，然后过视点 EP 分别连结 1、2、3、4……，交 AVP 于点 1′、2′、3′、4′……，再过点 1′、2′、3′、4′……分别做高线和基线的平行线，得到与 BVP、DVP 的交点，再过这些交点再做高线和基线的平行线，便可得到房间中 1 米、2 米、3 米、4 米……的进深面。

7. 过灭点 VP 连结 1 米、2 米、3 米、4 米……点，便可得房间中的 1 米、2 米、3 米、4 米……的宽度透视线。

8. 从 A 点开始，在高线 AD 上分别截取房间高度的 1 米点、2 米点、3 米点……，过这些点连结灭点 VP，便可得到房间的 1 米、2 米、3 米……点的房高透视线线。

三、两点透视

当物体三组棱线的延长线中有两组与画面相交时，其透视线便有两个灭点，因此称两点透视。两点透视的形成主要是因为物体的主面与画面有一个角度，因而也称成角透视。两点透视是在透视制图中用途最普遍的一种作图方法，它常用在室内、室外、单体家具、展示、展览厅等场所的效果图绘制中，其透视成图效果真实感强。

下面就两点透视的室内空间为例，说明其画法原理（图 2-5）。

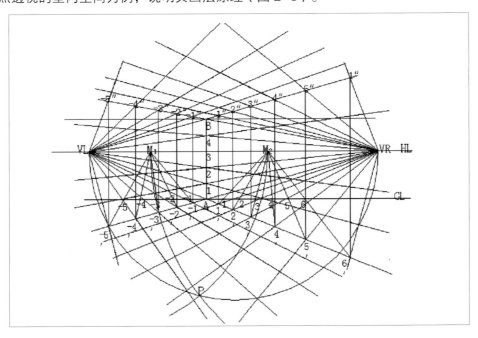

图 2-5　两点透视画法

方法步骤：

1. 据实际尺寸，按比例做出房间一角的高度 AB，过点 A、B 分别作 AB 的垂直线。其中过点 A 的垂直线为基线 GL，并在基线上标出按比例尺寸数字，点 A 右边为正、左边为负。

2. 按比例做出视高点，并过视高点作 AB 的垂直线为视平线 HL。

3. 在 AB 的两边、HL 上任取两点 VL、VR 作为左、右灭点，过点 VL 分别连结点 A、B 并延长，再过点 VR 分别连结点 A、B 并延长，即可得到过点 A、B 的房间四边角线的透视线。

4. 以左、右两灭点的距离为直径画圆弧并在圆弧上任取一点 P，再分别以 VL、VR 为圆心、VLP、VRP 为半径作弧，交视平线 HL 于点 M1、M2，则 M1、M2 为测点。

5. 过点 M1 分别连结基线上的尺寸数字点 −1、−2、−3、−4……并延长交 VRA 的延长线于点 −1`、−2`、−3`、−4`……，再过灭点 VL 分别连结点 −1`、−2`、−3`、−4`……并延长即可得到尺寸数字点 −1、−2、−3、−4……的进深线。

6. 同理也可做出右边尺寸数字 1、2、3、4、……的进深线。

7. 过点 −1`、−2`、−3`、−4`……与 1`、2`、3`、4`……分别作 AB 的平行线，交 VRB 的延长线于点 −1″、−2″、−3″、−4″……，VLB 的延长线于点 1″、2″、3″、4″……，然后再过点 VL 分别于点 −1″、−2″、−3″、−4″……连结并延长、过点 VR 分别于 1″、2″、3″、4″……连结并延长即可得房间天花顶的进深线。

8. 在房间高度 AB 上标出尺寸，再过灭点 VL、VR 分别于高度尺寸相连结并延长，可得房间高度透视线。

四、透视原理应用

掌握了透视的画法，我们就可以利用这套方法完成由平面图向效果图的转化。通过一定的尺规作图，可以帮助我们很好地控制图面中有关空间比例、尺度、透视等方面的问题。

以一间卧房的平面图为例，分别使用一点、两点透视画法，完成效果图的起形线图部分。初学者可以通过过程实例，体会两种透视原理的具体应用。

（一）一点透视原理的具体应用

先来了解一下案例平面图的尺寸、布局（图 2-6、2-7）。

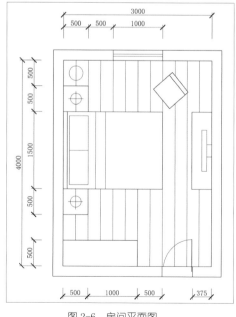

图 2-6　房间平面图

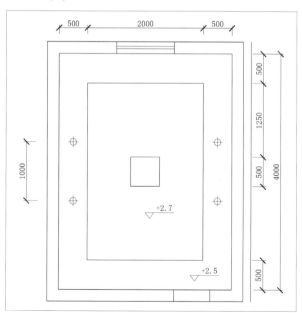

图 2-7　房间顶面图

1. 这是一间宽 3 米，进深 4 米的卧室设计，一般效果图选择站在门口看向窗的位置，此房间的高度是 2.7 米。有了这三个数据，就可以开始绘图。先在纸上按比例绘制一个 3x2.7 米的墙面（图 2-8）。

2. 在 1.6 米位置绘制一条视平线（图 2-9）。

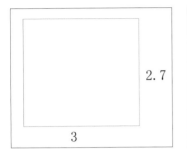

图 2-8 迎面的墙面

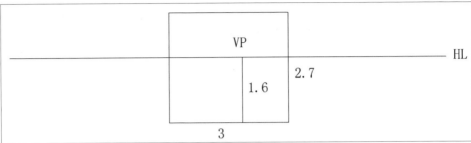

图 2-9 绘出视平线

3. 在视平线上标出灭点，将墙下的线延长，按比例绘出 4 米后，再多绘出 1 米（图 2-10）。

4. 由灭点向墙面四角连接成线，并延长射线长度（图 2-11）。

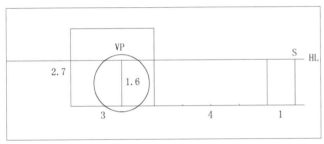

图 2-10 绘出延长线

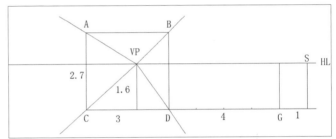

图 2-11 绘出房间透视线

5. 由 S 点向 G 点连接射线，并与右下角斜向透视线相交，通过该交点作平行于视平线的直线，完成房间进深长度 4 米的确定（图 2-12）。

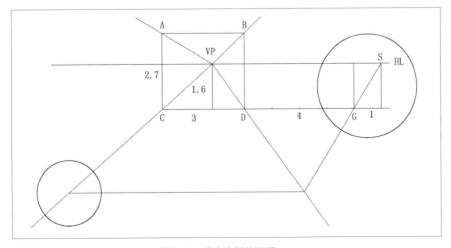

图 2-12 确定房间的进深

6. 从底边横线与两条斜向透视线相交的交点向上作垂线，再连接垂线相交上方斜向透视线的两个交点，形成一个方形。整个画面横向五条线应相互平行，竖向四条线也应相互平行，横竖线为垂直关系（图2-13）。

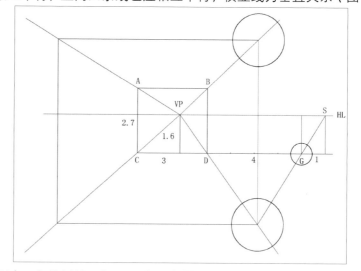

图2-13 完成房间整体透视框架线

7. 按比例从 G 点向左量出 0.5 米，通过 S 点作射线，与画面右下角斜向透视线相交，过此交点做平行线，该线即为在透视图中 0.5 米位置（图2-14）。

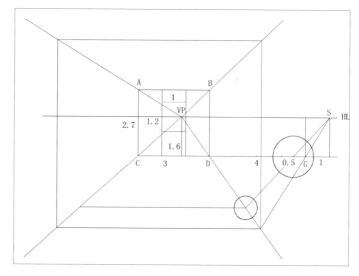

图2-14 确定房间进深及其尺度方法

8. 从 C 点向右按比例量出 1.5 米，过灭点连接射线，与底边相交，该线即为房间左数 1.5 米位置透视线，其与上一步横线共同构成大衣柜的位置透视线（图2-15）。

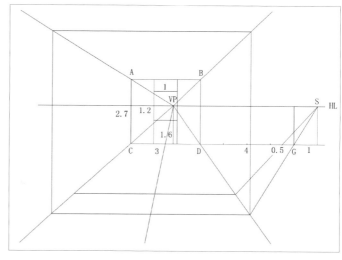

图2-15 在底面绘出大衣柜透视位置

9. 通过上面的步骤，可以按尺寸，将平面图依照透视要求绘制在房间底面上，CD 线段为房间宽度尺寸依照，DG 线段为房间进深尺度依照（图 2-16）。

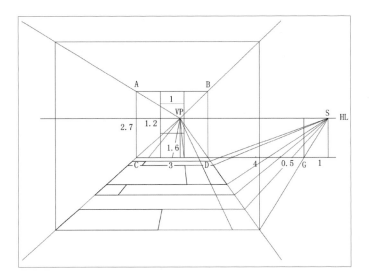

图 2-16　将平面图绘制在房间底面

10. 从 C 点向上按比例量出 0.6 米，过灭点连接射线，与床头柜靠墙一角的垂线相交，确定出 0.6 米高床头柜的高度透视线（图 2-17）。

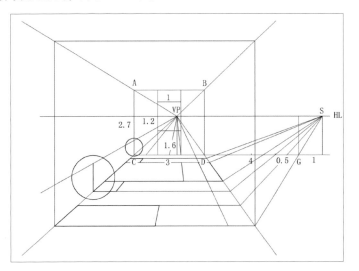

图 2-17　确定床头柜高度的方法

11. 将床头柜平面图的四角向上作垂线，通过上一步确定的交点作平行线（图 2-18）。

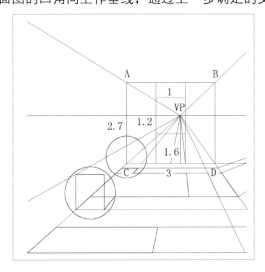

图 2-18　绘制床头柜的一个立面

12. 过灭点连接床头柜顶面交点，并完成顶面后边的平行线。完成床头柜的方体透视（图 2-19）。

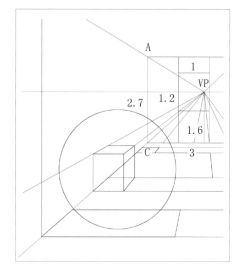

图 2-19　完成床头柜方体透视

13. 我们将房间内的所有物体都可看作方体处理，依照前面床头柜的画法，将平面图拉高，形成一个个透视准确的方体（图 2-20）。

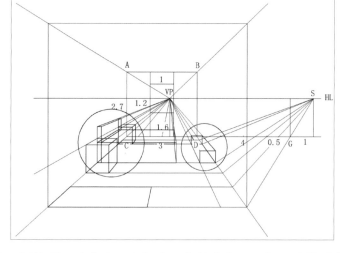

图 2-20　将平面图拉高形成透视图

14. 对于一点透视中的两点透视物，我们可以按照尺寸在底面上标出四角的点位，再相互连接成方形。依其透视线走向，在视平线上找到相应灭点（图 2-21）。

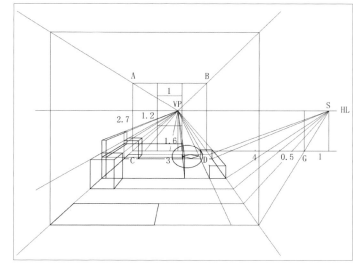

图 2-21　一点透视中的两点透视物画法

15.AC、BD 线段为高度参考尺寸线，从 A 点向下按比例量出 0.2 米，过灭点连接射线，确定吊顶的高度透视线。其画法与地面物体透视画法一样（图 2-22）。

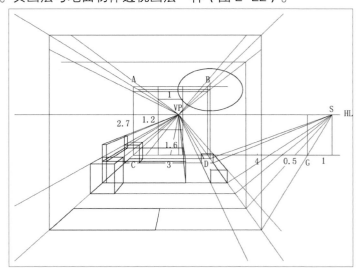

图 2-22 确定吊顶高度

16. 在房间顶部中间位置绘出吊灯的透视线。方法原理与地面物体绘制一致（图 2-23）。

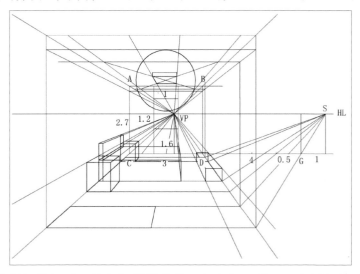

图 2-23 绘制吊灯

17. 绘制好吊灯后，将房间其他装饰，如台灯、挂画、电视机等透视位置绘出，尤其注意圆形在透视状态下的处理（图 2-24）。

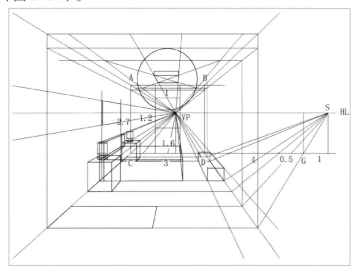

图 2-24 完成房间其他装饰物的绘制

18.一般情况下，在透视平面上，连接四角，两条斜线的交点即为中点位置，方便在绘制时，等分透视面（图2-25）。对于圆的透视，左右不可画成枣核状，尽量抹圆角，且圆形透视一般上弧弧度比下弧弧度略小（图2-26）。

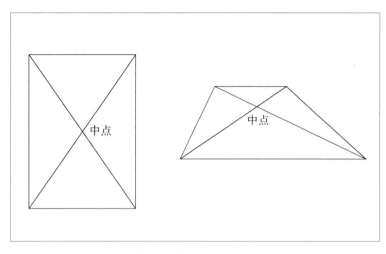

图2-25　找中心点

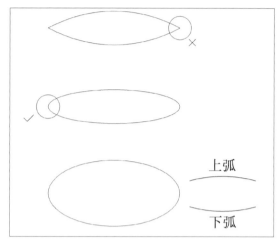

图2-26　圆的透视

19.在透视线稿基础上，参照方体透视，完成家具陈设的具体形态勾线。为使线形自然，尽量不要用尺。详细方法在本章第二节中有讲述（图2-27）。

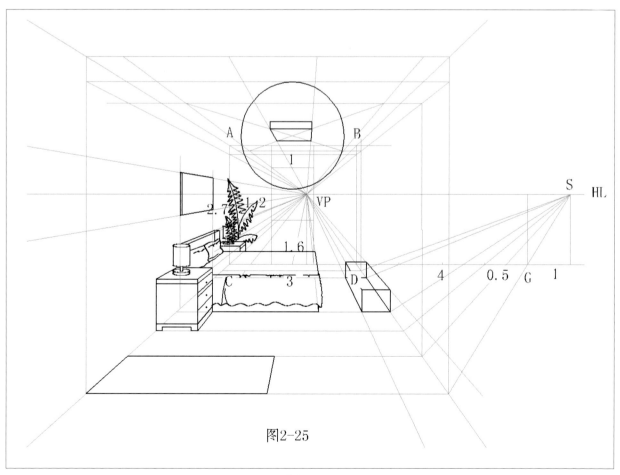

图2-25

图2-27　完善家具形态的勾线

20. 在勾线时，尽量从前向后、由近及远地绘制，被遮挡的部分省略。影响画面效果的部分如大衣柜也可省略不画（图 2-28）。墨稿绘制完成，擦去铅笔参考线。

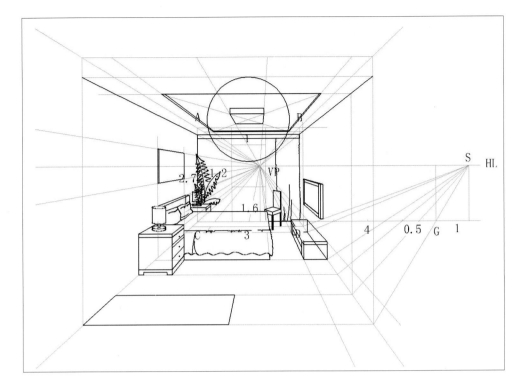

图 2-28　参照透视稿完成勾线

（二）两点透视原理的具体应用

下面还是以此房间为例（图 2-6、2-7），以两点透视绘图原理绘制效果图线稿。

1. 在纸上先绘制出视平线，按 1.6 米视高绘出一个三角形（图 2-29）。

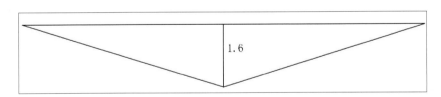

图 2-29　两点透视确定视高

2. 以 AB 线段的中点 O 为圆心，以 OB 为半径，绘制半圆（图 2-30）。

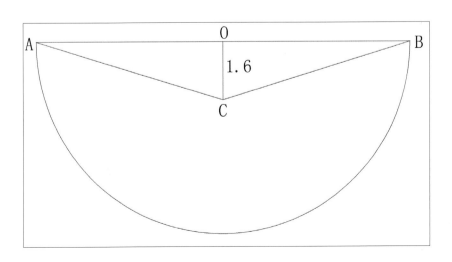

图 2-30　绘制一个半圆

3. 在半弧上中间偏左或偏右的位置选择一点 D，以 A 为圆心，AD 为半径作弧，与 AB 相交于 M2 点；以 B 为圆心，BD 为半径作弧，与 AB 相交于 M1 点（图 2-31）。

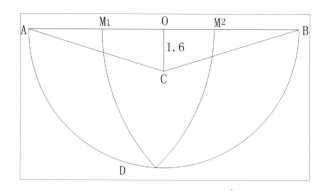

图 2-31　确定 M1、M2 点

4. 将 1.6 米视高延长至 2.7 米，连接两侧灭点并延长射线。过 C 点做平行线，C 点向左按比例画出 4 米，每 1 米点一个点；C 点向右按比例画出 3 米，每 1 米点一个点。分别过 M1、M2 点连接各边标点，各射线与斜线相交，各交点即为在透视图中的长宽尺寸点（图 2-32）。

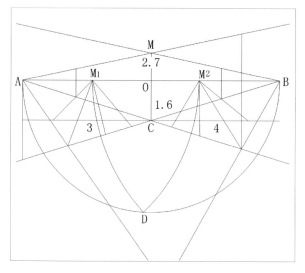

图 2-32　完成房间透视线

5. 过灭点连接各斜边上的标点，画出房间底面的参考网格（图 2-33）。

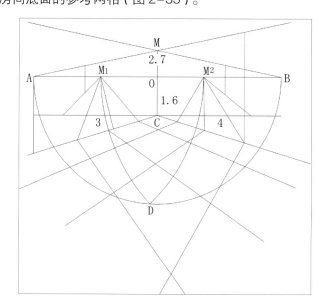

图 2-33　绘制房间底面参考网格

6. 按平面图尺寸，将家具的位置绘制在底面参考网格内（图2-34）。

7. 从C点向上按比例量出0.6米，过灭点连接射线，确定床头柜的高度，然后作垂线连接。利用两侧灭点，将平面图拉高，完成床头柜的方体透视（图2-35）。

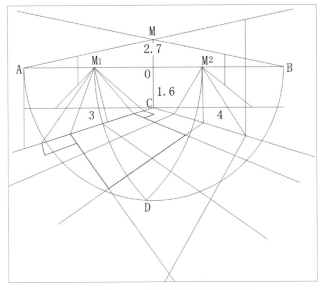

图2-34 将平面图绘制在房间底面上

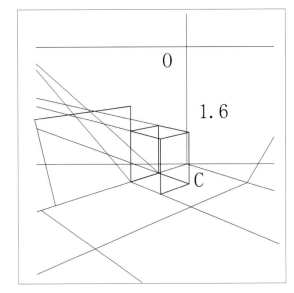

图2-35 床头柜高度的确定

8. 按照画床头柜的方法，将房间内的物体全部按方体绘制出来。吊顶的绘制方法也与其画法一致（图2-36）。

9. 利用两侧灭点，绘制出房间内的一些细节。如吊灯、挂画、窗户、窗帘等（图2-37）。

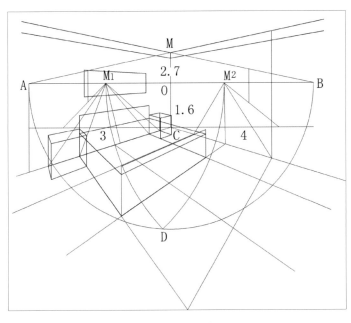

图2-36 完成房间内所有方体透视

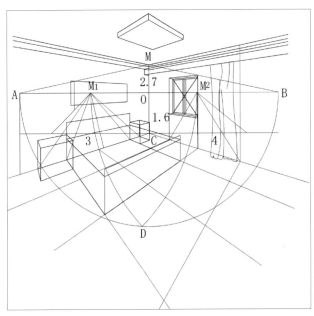

图2-37 完成细节透视

10. 在透视线稿基础上，参照方体透视，完成家具陈设的具体形态勾线。为线形自然，尽量不要用尺。详细方法在本章第二节中有讲述（图 2-38）。

11. 在勾线时，尽量从前向后、由近及远地绘制，被遮挡的部分省略。影响画面效果的部分如大衣柜也可省略不画（图 2-39）。完成墨线勾稿，擦去铅笔参考线痕迹。

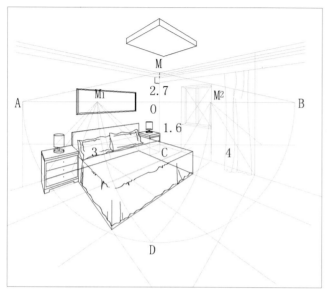

图 2-38　勾墨线 a

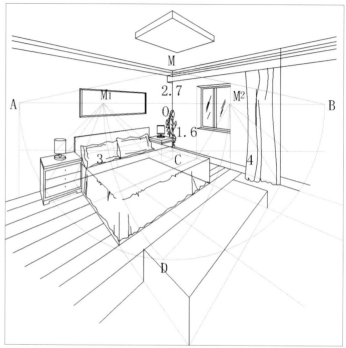

图 2-39　勾墨线 b

按照前面讲述的透视方法，我们可以较轻松地完成由平面到立体的透视转换。为了更好地表现物体造型，除了透视、比例因素外，线条本身的表现力也至关重要。初学者习惯于用尺勾画墨稿，这就使得线形呆板、千篇一律。为了练就真正实用的表现技法，徒手勾线的技能练习必不可少。"线"如何练？请参见下一节《线条的表现力》。

第二节　线条的表现力

一、不同装饰材料的质感表现

在效果图绘制中，通常都是依靠上色来区分材质。实际上，在上色前只依靠勾线就可以稍稍区分物体各自的质感，这有助于整体质感的表达。通过线条的变化，可以表现软、硬、光滑、粗糙、细腻、轻、重等质感。一般慢运笔，线条呈现微弱的上下浮动，看起来所画物体质感偏软；快运笔，且线形挺直，所画物体质感偏硬；线细且工整，所画质感趋于光滑；线细且不工整，所画质感趋于粗糙；所画物体线形结构表现细致，整体感觉会趋于细腻；线细且运笔快，甚至一部分线形留白或飞笔，所画物体质感偏轻；有意识加重物体着地部分的线形，可以表现物体的重量。熟练地应用线条表现力，不是旦夕间一蹴而就的本事，而是需要在大量练习中不断总结的。这里提到的线形变化，只是起到抛砖引玉的作用，更多的变化还需练习者在练习中慢慢体会。如沙发的质感蓬松且纹理细腻，画起来应注意线条造型要饱满，线形应偏细，运笔要稍慢（图 2-40a、2-40b）；藤制家具的质感自然，线条应朴实（图 2-41）；木质家具的质感挺括，线条应平直（图 2-42）；布艺材料的质感轻盈灵动，线条应柔软（图 2-43a、2-43b、2-43c）。

图 2-40a　皮质沙发的表现方法

图 2-40b　布质沙发的表现方法
作者：陈龙
指导教师：马澜

图 2-41　藤制家具的画法

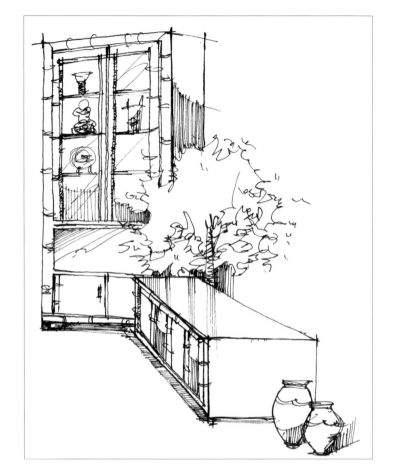

图 2-42　木质家具的画法

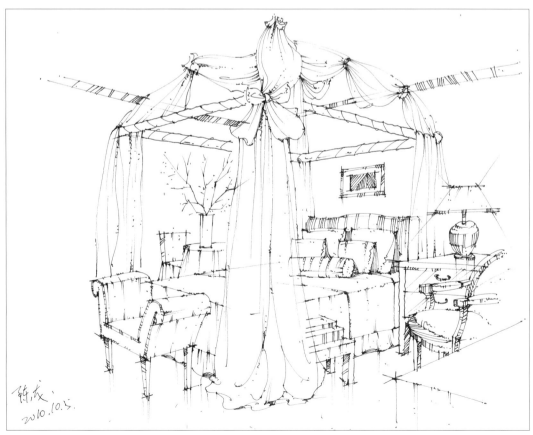

图 2-43a　织物的画法
作者：陈龙
指导教师：马澜

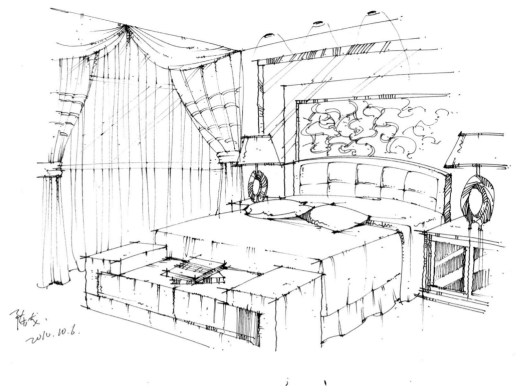

图 2-43b 织物的画法
作者：陈龙
指导教师：马澜

图 2-43c 织物的画法
作者：陈龙
指导教师：马澜

二、单体家具画法

室内效果图中，家具占了很大比例。画好家具可以使画面效果丰富、细腻、耐看。目前一些手绘效果图，往往把精力放在马克笔等上色工具的使用上，在家具等物体的线条造型上只画一个框架，这就使得图面效果因缺少细节而显得空泛乏味。

家具单体造型一方面要保证自身透视关系的准确，另一方面家具单体透视应与房间环境透视协调一致。掌握前一节所讲的透视内容可以很好地帮助我们解决这一问题（图 2-44）。先概括描绘出与家具造型近似的立方体，我们再通过这方体轮廓，进一步勾画家具的结构与细节（图2-45）。

在绘制室内效果图时，对于单体家具的造型，我们要做到胸中有数，这就需要在平时积累不同风格、功能的家具形态。一方面通过对照图片进行单体家具的临摹练习；另一方面不用铅笔打稿，徒手勾勒家具墨线，有助于提升图面把控力和线形的控制力，即练眼又练手（图2-46）。

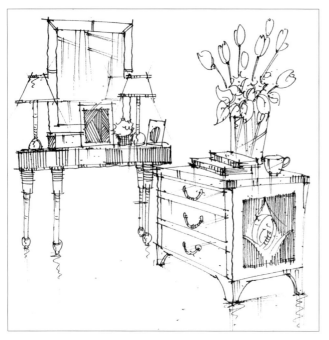

图2-44 单体家具的画法　　作者：陈龙　　指导教师：马澜

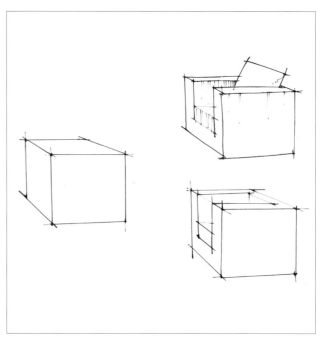

图2-45 从长方体到沙发

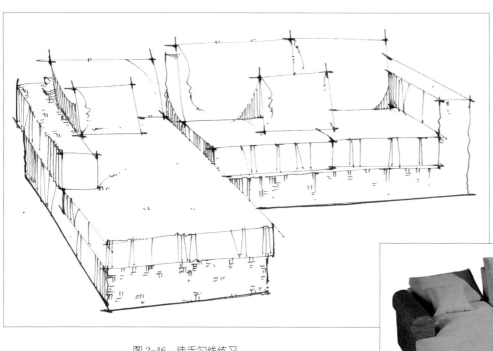

图2-46 徒手勾线练习

三、器物画法

  器物是室内效果图中装饰环境的内容，如灯具、电视机、瓶罐、艺术品、饰品等等。这些物品在效果图中主要起到渲染气氛、增加效果图的耐看度等作用，因此，这些内容的绘制灵活、多变，但不能喧宾夺主，影响效果图应有的目的初衷。一般情况下，器物线形比环境主要构筑物线形略细，遇到较复杂器物时，要学会概括处理。

  器物虽然在图面作用上不如其他内容重要，但是很多手绘图功亏一篑的败笔都是在器物的绘制上。首先是器物的透视，其透视与大环境透视不一致，很容易会被人看出瑕疵；其次是线宽，一般不选用粗线绘制，线粗很容易被人发现不协调的败笔；再次，很多人在勾画线形时喜欢随手排画阴影或暗面，在这里编者不赞成这种练习画法。原因有三点：一是阴影排线画不好会显得图面又花又乱；二是原本阴影线处理手法是徒手勾稿时用于遮掩错误线形的补漏手段，不能作为正式绘图的固定方法，一旦对阴影线有了依赖，那么真正对于线的控制力就荡然无存；三是阴影线可当作一种肌理手段使用，在图面上不宜过多使用，运笔且不可太过随意。有些图面的阴影线画得很好，其实是整体造型、运笔用线、上色等诸多方面的综合结果，切不可只为追求阴影线效果而丧失手绘表现图纸的初衷目的。下面几幅图介绍了几件不同器物的画法以及器物同家具的整体表现方法（图 2-47~2-51）。

图 2-47　器物的画法

图 2-48　器物及家具的整体表现
作者：谢曼星
指导教师：马澜

图 2-49　器物及家具的整体表现
作者：陈龙
指导教师：马澜

图 2-50　器物及家具的整体表现
作者：陈龙
指导教师：马澜

图 2-51　器物及家具的整体表现
作者：陈龙
指导教师：马澜

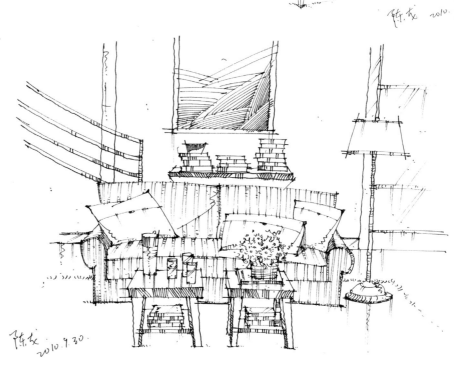

四、植物画法

植物是手绘表现图纸中非常重要的一环，不论是室内效果图，还是室外环境效果图，植物都是烘托气氛、活跃画面，补漏空白的重要手绘内容。通常手绘效果图里的植物画法都有一定的模式，因此，初学者可以默背一些已有的植物样式，不论画在什么图上，效果都会很好。随着手绘熟练程度的加强，可以根据植物照片，自行总结一些植物画法，丰富画面植物样式。

对于植物的表现，重点注意四处问题：一是对于枝叶茂盛且琐碎细密的植物，一般用线重点表现植物冠形，枝叶形状重点描绘在整棵植物的暗部，亮面要留白，切不可密密麻麻画满整棵植物的枝叶，否则不光费力且效果缺乏立体感；二是对于以枝干为主的植物，枝干的线形不仅要流畅，而且枝干交叉处理尽量自然，避免对称交叉、密度平均等问题；三是对于植物根部的处理。不论是种植在花盆里，还是户外的草坪里，主干接近土壤的位置要有所处理，切不可顶着构筑物边缘线来画；四是处理既有枝干又有花叶的植物，不可将整棵植物的枝干画全，要画一部分枝干，又要用花叶挡住一部分，还要有些通透留白，这样才能显得植物生动立体（图2-52）。对于花朵比较多的植物，建议不要用墨线详细勾勒花朵轮廓，如果花朵线形勾得太死板，花卉上色后会失去清灵的秀丽之感。盆栽植物的绘制要注意植物与器皿的重合部分的处理（图2-53）。

图2-52 单体植物的画法

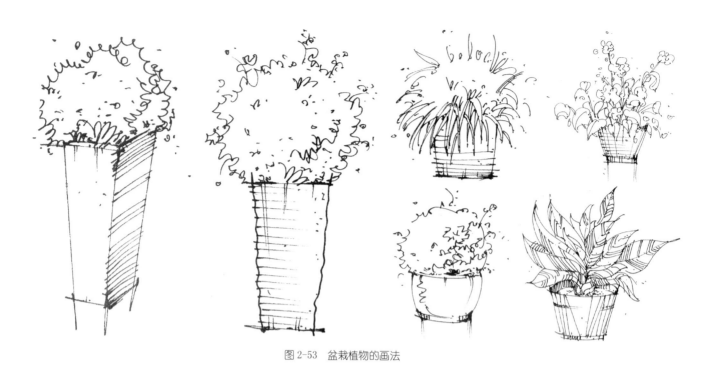

图 2-53　盆栽植物的画法

　　在景观效果图中，植物是图面的主角，又由于近景、中景、远景的需要，即便是相同的植物，在这三个层面上的处理手法也是不一样的。一般近景植物勾勒详细，枝叶、花卉、冠形尽量细腻饱满；中景植物以表现冠形为主，适量表现枝叶肌理；远景植物以表现丛植形态为主，忽略植物的一些枝叶细节。在处理中远景植物时，尤其是乔木类植物时，由于枝叶生长于上部，底部除了树干什么也没有，所以绘图时应注意保持树林底部树干间的通透性，不可把阴影与枝叶地全部涂实。读者可以从以下几幅图中学习植物与建筑，植物与山石，植物与建筑以及与山石之间前后层次关系的处理（图 2-54~2-65）。

图 2-54　植物与周边景物的关系处理
作者：翟天然
指导教师：马澜

图 2-55　植物与建筑及周边景物的处理
作者：翟天然
指导教师：马澜

图 2-56　植物与建筑的关系
作者：龚丽黎
指导教师：马澜

图 2-57　植物与建筑前后关系的处理
作者：翟天然
指导教师：马澜

图 2-58　小区景观中植物的处理
作者：龚丽黎
指导教师：马澜

图 2-59　植物前后层次关系的处理
作者：陈龙
指导教师：马澜

图 2-60　植物与山石
作者：张晋
指导教师：马澜

图 2-61　植物与山石
作者：张晋
指导教师：马澜

图 2-62　景观局部中植物的表现
作者：陈龙
指导教师：马澜

图 2-63　景观设计中植物的处理
作者：陈龙

图 2-64　景观设计中植物的处理

作者：陈龙

指导教师：马澜

图 2-65　景观设计中植物的表现

作者：陈龙

指导教师：马澜

五、人物画法

　　人物是手绘表现图纸里最难画的内容。其主要作用是渲染环境氛围，这一点在景观效果图中尤为突出；另一点作用就是起到标高参照物的作用。当人们看到图纸时，为了快速地对方案的空间尺度有较为直观的认识，就会以自身熟悉的尺度形象作为参考依据，从这一点看，图面上的人物就成了很重要的标尺参考。如果人物比例画大了，原设计的空间尺度就会感觉变小，反之则感觉变大。由此可以看出，在绝大多数效果图中，人物的具体形象不是刻画的重点，有些人物形象甚至非常概括，但是人物的比例大小，却必须非常精到。近景的人物以身体形态、动作动势的表现为主，五官手脚都不做重点，甚至可以忽略；中景人物以体态动势的概括为主，甚至可以适当变形，但高度比例不能错；远景人物为点缀，甚至仅显示为一些彩点造型即可（图 2-66）。

图 2-66　人物概括

对于初学者可以从一些较好的效果图范画中默背一些人物造型，这些人物造型大多都是经过手绘高手精心提炼总结过的形象，绘制起来方便快捷，容易出效果（图 2-67）。

图 2-67　提炼形象

本章总结：

1. 本章重点分为三个部分：一是透视问题，学生们可以按照所讲步骤先掌握方法，再融会贯通；二是如何由平面图按比例转成效果图的问题，这也需要学生在掌握步骤的基础上举一反三；三是勾勒线形的要求，对于线的控制力还需要多在练习中自行体会。掌握了这三部分内容，学生们就可以初步完成比较有质量的手绘效果图了。

2. 对于手绘表现技法的练习不要单一地依赖临摹；"熟能生巧"是手绘表现能力提高的唯一门径。

课后练习建议：

建议在课时安排上，先通过简单的由方体组成的场景来熟悉透视画法，然后通过对家具、植物、器物等单体的练习，熟悉对于线条、形态的控制，最后再通过简单家装场景，练习一点透视、两点透视的实用画法。对于基础较好的学生，可安排较复杂一点的公装场景或室外场景，尝试独立思考，借鉴透视画法，举一反三完成效果图墨稿。

第三章 室内外手绘表现图的快速画法

章节要点：

1. 了解快速表现技能在设计从业过程中的重要作用。

2. 训练良好的透视意识，掌握徒手勾线的小窍门。

3. 掌握室内、建筑外观、户外景观的不同快速表现画法。

　　现如今电脑效果图大行其道，貌似手绘已逐渐失去市场，以至于许多学生甚至是设计从业者都把精力放在电脑效果图的学习上，而忽略手绘效果图的作用。实际上这是认识上的一个误区。也许传统的慢工细活式的效果图在中国设计市场上不如电脑效果图占优势，但是快速表现效果图确是与电脑效果图同等重要。只是其所擅长的领域、作用及分工不同罢了。一般情况下，电脑效果图用于设计完稿汇报阶段，而在设计过程中，甚至是在与甲方无数次地交流沟通中，手绘快速表现绝对是不可或缺的必要技能。电脑制图技术再好，在设计公司中也只是作图员兼设计师这一级别，而能与甲方沟通交流，快速向甲方或制图员传达设计想法的设计师，才能真正算得上是重要的设计师，甚至随着经验的积累便可向设计总监、团队领导者、项目负责人等高级职位发展。那这一切的底蕴完全要靠设计师自身的技能潜力来决定。手绘快速表现绝对是其底蕴技能之一。

　　编者曾就职于一家相当规模的展览展示设计公司。旗下专职设计师有十几名之多，然而真正在高级别位置的设计师，都有独立开发客户的能力。在与客户沟通过程中，可以一边聊着业务，一边将客户的想法、自己的想法快速呈现在纸面上，对照着效果图，当时就可以敲定许多设计意向，为最后的方案制作奠定设计基础。同时漂亮的手绘技能，可以使客户更加相信设计师的专业性。

　　快速表现技法是诸多效果技能的一个分支，也是最能体现设计师图面控制能力的一种修养性技术。画好快速表现图纸难度非常高，可以说是传统效果图技能的进阶版，但也是最实用的设计从业技能之一。快速表现不能看作是画草图，而且即便是草图，行业内也有"草图不草"的说法，因此快速表现不等于因为快而可以潦草涂鸦。真正有用的快速表现除了靠大量的练习之外，方法也很重要。在目前许多快速表现的训练中，临摹成了主要训练手段。这其实是一个弯路误区，虽然一样可以通过量变达到质变的效果，但是这一过程会很漫长，不仅如此，还需要学生的顿悟。比如，有的学生在临摹效果图时画得很好，但是一旦脱离样稿，就什么也画不出来，这样的现象在一般设计院校还是比较普遍的。又比如，一些学生盲目照搬原图的形式，感觉画得很"帅"，实际上却画得很乱。一些"闪电符号"、"之字形随笔"在图面上显得莫名其妙。本章节就针对这一问题，重点谈谈快速表现技法的训练方法。

第一节 室内效果图的快速表现

　　室内效果图的快速表现，初学者尽量选择一点透视，基础较扎实的学生可以尝试两点透视。要想练成过硬的快速表现技能，必须做到以下三点：一是必须脱离铅笔草稿。如果养成对铅笔草稿的依赖性，就永远不可能做到白纸墨线徒手勾画的境界；二是要在纸面上有很好地透视大局观。由于图面上没有辅助透视参考线，练习者只能在脑中呈现出这些隐形的线，帮助确定运笔的走向；三是初学者有意识控制线形走向，在练习之初是非常困难的。有时明明要往上画，可线条却偏向下方，这种情况是初学者缺乏练习的表现。建议寻找一些复杂家具图片，如明式家具等，对照图片在大纸上徒手勾形练习。每个单体家具大小应不小于A4幅面，专门练习平心静气地对线形的控制。这一练习的诀窍就是画大幅，如果你能勾勒一幅A3幅面的线图，那再画小幅面图时，就易如反掌了。目前许多学生的徒手练习画，每个家具只画拇指大小，这样练习永远不会有效果。画快速表现效果图，透视基础这里就不再重复了。本节通过一个室内案例，讲解室内快速表现的练习方法。

1. 熟悉房间平面布局及长宽高比例，画卧室的效果图（图3-1）。

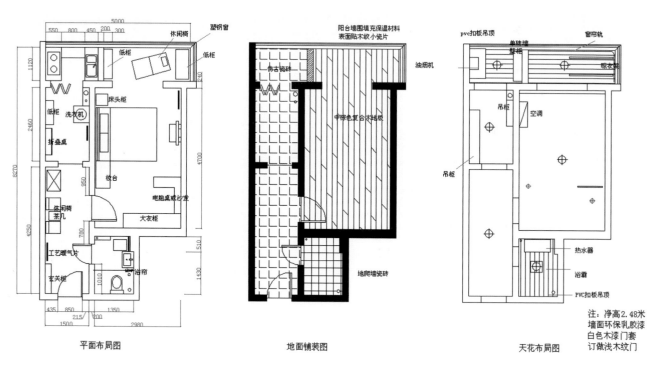

图3-1　房间平面布局

2. 面对空白图纸，头脑中要有视平线位置、灭点、房间长宽高比例参考。如还不能很好地在头脑中显示这些隐形的形象，那么可以通过点点儿的方式辅助确定以上内容。所谓点点儿方法，就是先画出线条的两个端点，如果线条太长，也可概括为与线条走向一致的几个点，由点连线比单纯画线更容易控制直线的走向，更适于初学者徒手画线（图3-2）。

图3-2　点点儿连线

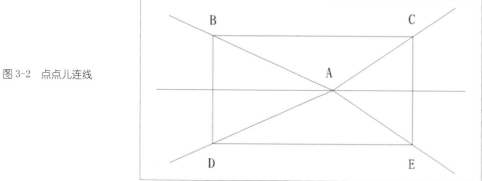

3. 图纸内容由近及远，依次勾勒。对于长线或不确定的比例关系，也是通过点点儿的方式辅助完成，如确定床的造型（图3-3）。

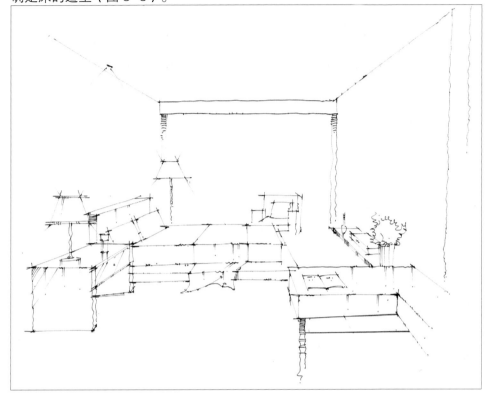

图3-3　由近及远勾勒造型

4. 对于线的透视，确定其倾斜角度走向时，要参考离其最近的上下两条透视线的走向。对于画错的线形，不用特别在意，在旁别再画一条对的线形即可。而且随着画面内容越来越多，有很多方法可以遮瑕（图3-4）。

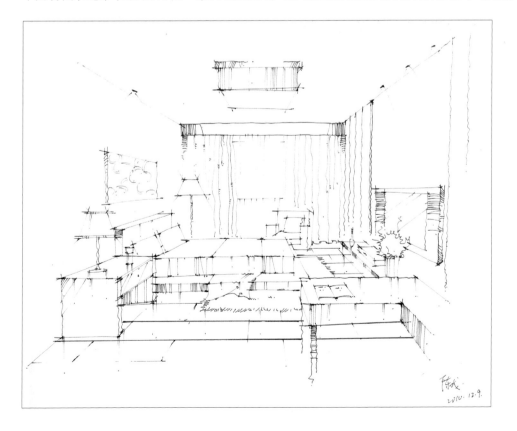

图3-4　勾勒全局

5.完成线稿后，再用彩铅或马克笔上色。初学者宜选用彩铅上色，容易上手，而马克笔的效果更为突出。不论采用哪种材料上色，都是以表现物体实际固有颜色为佳，切不可把颜色画花。在固有色基础上，适量表现反光及阴影，色彩以设计信息传递明确、视觉冲击力较好为表现准则。这里需要注意的是马克笔的使用，尽量运笔工整，笔触整齐，并保持一定运笔速度，笔触重叠便会加深色彩，故交叉笔触的手法要慎用（图3-5）。

图 3-5　马克笔上色
作者：陈龙
指导教师：马澜

第二节　室外效果图的快速表现

室外效果图主要指以建筑外观为主的效果图表现，一般多采用两点透视的构图形式。由于建筑体量大，视平线习惯上都定的比较低。根据两个相邻的立面图，便可完成一幅透视效果图。在画图次序、线形控制等方面的方法与上一节内容相同，只是在建筑外的环境处理手法上略有不同。

建筑环境的烘托离不开绿植的造型：一方面，通过绿植，如灌木、花卉、草皮，为建筑底部造型收边过渡；另一方面，利用绿植填补构图上不够饱满的位置，增强视觉冲击力。图纸四周最好留白，这样会更好地将观看者视线集中在图纸中部造型细腻的区域。建筑效果图在线形处理上一定要描绘一些细节，如窗、檐口、附属护栏等，这些细节刻画会使画面细腻耐看。

下面用一个建筑外观效果图的绘制案例，介绍室外效果图的快速表现方法。

1.确定立面图建筑长宽高的大致比例。按方形两点透视原理，在图纸上标出大致的透视线走向，只不过还是用点点的方式提示，透视参考线还是隐形的。由于灭点一般都在图纸外，因此无法用点点儿的方式提示灭点位置，这就要看平时对于两点透视的感觉积累了。所能依靠的参考也只能是近似透视参考线的由点组成的透视关系。由上向下，依次勾勒建筑外观。每一道线形都要参照相邻的上下两条透视线的走向，尽量取中，这样的透视线才能尽数消失在两侧灭点位置。画到建筑底部的时候，可利用绿植等进行衔接，使之看起来较

　　为自然。在建筑前的近景，建筑后的远景都可安排绿植，烘托画面气氛，但切忌喧宾夺主（图3-6）。

　　2.墨线勾好，开始上色。以大体量的明暗关系为主，表现建筑固有材质、色彩，与植物尽量拉开色差。如建筑前植物亮部颜色浅，那其背后的建筑肌理或颜色就要相应重些，以达到相互对比反衬的目的（图3-7）。

图3-6　勾勒细节与植物

作者：陈龙

指导教师：马澜

图3-7　彩铅与马克笔上色　　作者：陈龙　　指导教师：马澜

第三节 景观园林的快速表现

　　手绘在景观园林的设计表现中一直都是非常重要的手段。一点透视是其常用的构图形式。在绘图过程中，始终要有近景、中景、远景的层次区分，把握好近大远小、近实远虚的原则。较长的线形、不确定的比例关系，还是可以运用点点儿的方式虚拟参考线。画植物时，用笔灵活随意但决不能胡乱涂鸦，植物有其生长规律，不同种类的植物更是有自己独特的冠形，切记不可画乱。如近景的竹子，竹枝只能从竹节处分出，不可随意"节外生枝"。

　　景观园林场景体量较大，视平线位置更低。场景中的人工构筑物画法参考上一节内容，植物画法可参考第二章第二节内容。如果画面中场景为一点透视，内部的构筑物却是两点透视，切记视平线应是同一条视平线。以下通过一个小场景的例子，介绍景观园林快速表现的步骤。

　　1. 在景观平面图上确定要表现的范围，了解大致的场景比例。可以利用点点儿的手段起形定位（图3-8）。

　　2. 由近及远，用极细线先将人工构筑物部分大致位置勾画出来，细画近景植物。红线部分为虚拟透视线，O点为灭点，A到B到C为场景比例，绘图时省略红线部分，只轻轻点出参考点（图3-9）。

　　3. 通过中景植物，尤其是利用灌木、花卉填补人工构筑物之外的空白。乔木以表现冠形为主，注意树木品种特点。有时一点透视会显得天空过于空泛，可以加一些随笔的云，充实画面。加入人物时，参照旁边的树木或构筑物，注意人物的高度比例（图3-10）。

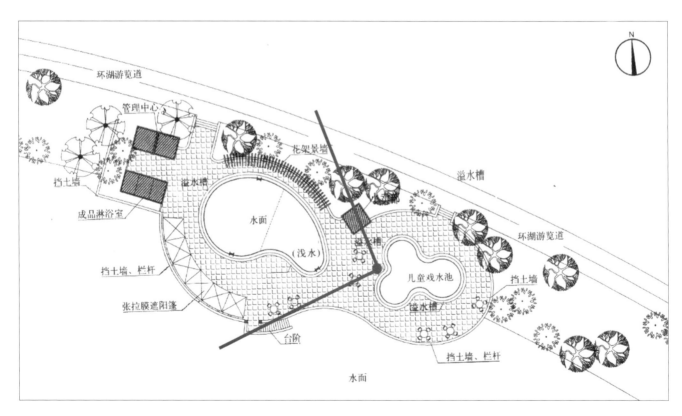

图3-8　景观平面图

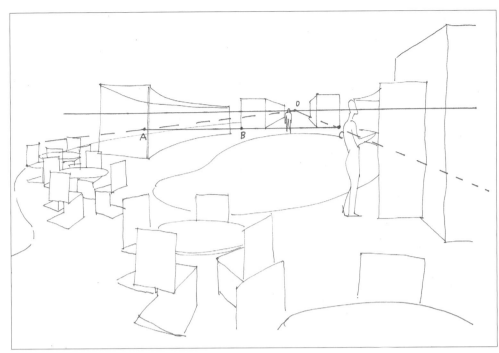

图 3-9　极细线勾勒概况

图 3-10　用较粗线勾勒具体形象

本章总结：

1. 这一章重点讲述了快速表现技法的一般练习方法，更多的方法还需要学生在实践中不断总结。

2. 快速表现除了透视要求基本准确外，还要注意空间长、宽、高的比例，场景中参考物与周边环境的比例关系。

3. 快速表现不怕画错线，通过练习一定要脱离对铅笔草稿的依赖性。

课后练习建议：

    建议先进行对照图片徒手勾勒家具的练习，熟悉对于线形的控制，然后选定一些平面图，运用快速表现方法试画效果图。最好图纸幅面不小于 A3 大小，这样以后在画 A4 幅面的小图就会感觉非常容易了。平时也可参照实景照片，勾画线稿，把握实景透视的感觉。

第四章 表现技法分类

章节要点：

1. 在解决透视和比例问题之后，发挥不同工具材料的特点完成表现图。

2. 了解计算机辅助制图在设计过程中的重要作用。

环境艺术表现图能直观地反映设计师的设计思想。同时，它也是学习环境艺术设计的重要途径。表现图的技法多种多样，形式也有所不同。我国 20 世纪 50 年代和 60 年代的设计师主要以铅笔淡彩和水彩等技法作为表现途径，设计内容大多为室外建筑；70 年代，水粉颜料由于表现力强且易于修改的特点，成为这一时期的主要表现手段；进入 80 年代，受到国外设计作品的影响，绘制工具和方法除了水粉、水彩外，还有马克笔、喷笔等；90 年代各种各样的表现手段层出不穷，设计师将水粉、水彩、马克笔、喷笔等多种材料综合使用，设计图也达到了丰富而生动、严谨而传神、构图平衡而不刻板的新特点；从 90 年代后期至今，由于计算机的普及，又因为它强大的功能优势，多样的表现力，准确的尺寸表达，已成为当今完成设计方案的重要方法。

本章主要介绍五种手绘的效果图技法以及计算机辅助设计图。

第一节 铅笔、钢笔的表现技法

铅笔与钢笔是最为传统的绘图工具。利用这种技法设计者可以运用细腻的线条表现所要反映的对象，还可以运用素描的黑白效果处理前、后以及空间关系。不仅容易掌握，而且绘制速度快，尽管没有色彩，仍极具表现力（图 4-1~4-4）。

图 4-1 室外建筑效果图

作者：陈龙

指导教师：马澜

这幅以表现室外建筑为主的钢笔效果图，用线条的疏密排列画出了建筑的明暗关系，用多样的线条形式分别表现了建筑、植物和人物。作者同时还注意到了画面的前后关系，做到了前实后虚，突出了所要表现的主体建筑。

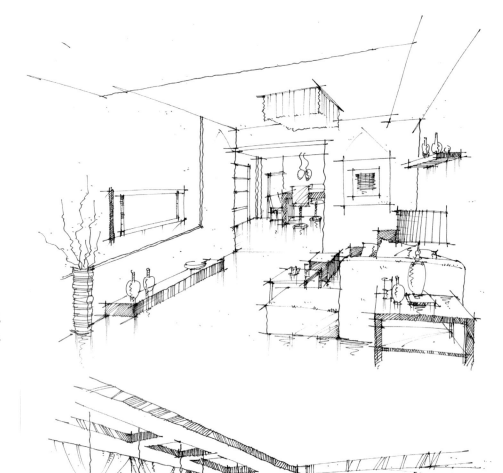

图 4-2　起居室效果图

作者：陈龙

指导教师：马澜

　　洗练的线条准确地表现了室内的空间结构，同时也反映了作者的设计思想。

图 4-3　餐厅效果图

作者：陈龙

指导教师：马澜

　　这幅餐厅效果图中的线条运用熟练、老道，不同的笔法表现了窗帘、藤椅、砖墙，画面构图也很生动。

图 4-4　别墅效果图

作者：陈龙

指导教师：马澜

　　以重复的线条表现了别墅屋顶的材料与质感，周围配景的线条则轻松、生动。

一、铅笔

铅笔是最基础的效果图绘制工具，运用不同硬度的铅笔可以绘制出丰富的线条语汇；铅笔又以多样的黑白层次关系，成为独立的表现技法。铅笔利用线条的排列以及笔对纸施加的压力表现对象，时而粗壮有力，时而若隐若现。这种技法有的偏重单线勾勒轮廓形态，有的则注重黑白对比，强调阴影。

二、钢笔

钢笔线条由于没有深浅之分，因此需要运用勾、画、点等不同的绘画技巧使画面产生疏密、简繁以及黑白灰的效果，并且要根据所表现的内容、形象、质感的不同特征来组织线条、排列线条，塑造出真实的三维实体与空间。

三、铅笔、钢笔的绘制方法与技巧

1. 以线条为主的铅笔和钢笔绘画技法可分为徒手和工具，徒手绘制的效果图用线生动、随意轻松、变化微妙，可表现植物、织物等；而工具（丁字尺、三角板）绘制的效果图严谨、规范，用于表现大面积和平滑的物体。

2. 在作画前要做到胸有成竹、意在笔先，过程中要注意用笔方向、明暗对比，由浅至深逐渐加深，且注意不要反复修改。

3. 绘画的过程中还要注意铅笔的铅粉、钢笔未干的墨迹会污染画面，故应用小指撑住画面来画线或用纸片遮挡已画好的部分。

下面这十几幅作品就是用钢笔、铅笔以不同的绘画风格，不同笔法绘制的室内外效果图（图4-5~4-19）。

图 4-5　建筑效果图　　作者：潘星洁　　指导教师：马澜

使用钢笔表现技法完成的建筑草图，奔放流畅。

图 4-6　厨房效果图

作者：陈龙

指导教师：马澜

　　这是一幅厨房兼餐厅局部的钢笔效果图，手绘线条看似轻松，却有自己独特的魅力，不足之处是前后的虚实关系略显欠缺。

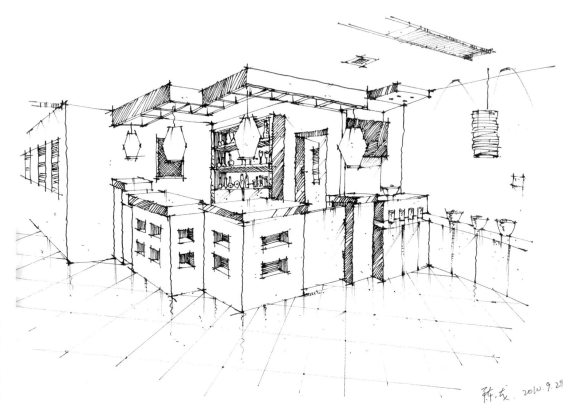

图 4-7　餐厅服务台效果图

作者：陈龙

指导教师：马澜

　　餐饮店总服务台的设计。作者用清晰的线条勾勒了所要表现的主要对象，又以点、扫和折线轻松地处理了地面、顶棚射灯、投影等其他内容。

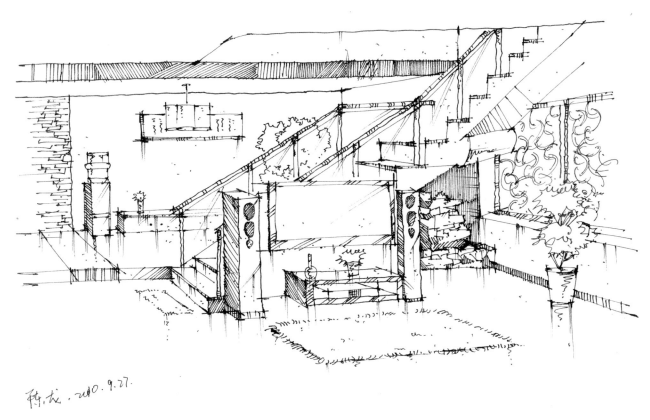

图 4-8　别墅局部效果图

作者：陈龙

指导教师：马澜

　　别墅一层的空间设计。效果图的钢笔线条熟练、灵活，但楼梯的转折处理应严谨、规范。

图 4-9　起居室效果图

作者：陈龙

指导教师：马澜

　　这是一幅钢笔技法的设计效果图，看似简单的线条准确到位地表现了室内家具物品的结构和透视关系。

图 4-10　起居室效果图

作者：陈龙

指导教师：马澜

钢笔线条的密排形成暗面，所有亮面几乎都未着笔触。整幅画在表现透视与结构的关键部分准确到位。

图 4-11　室外建筑效果图

作者：王敬玮

指导教师：马澜

这是一幅钢笔技法效果图，整副画建筑物以直线为主，用笔肯定、硬朗，准确地表现了建筑物的高耸、挺拔；配景的处理轻松、洗练。

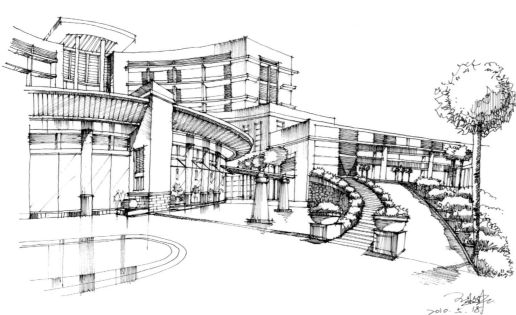

图 4-12　景观效果图

作者：王敬玮

指导教师：马澜

在钢笔技法中直线的处理要比曲线简单，这幅图中的建筑，曲线处理严谨、准确，显示了作者扎实的绘画功底。

图 4-13　小区入口景观效果图

作者：龚丽黎

指导教师：马澜

这是一幅室外景观的效果图，主要表现了小区入口的场景，画面内容丰富，却不凌乱。建筑、小景观、人物、汽车都画得详略得当，需注意的是还应处理好线条的粗细变化。

图 4-14　别墅效果图
作者：翟天然
指导教师：马澜

　　细密的线条画出了阳光下建筑之间交错的光影效果，需要注意的是配景的绘制。

图 4-15　室外建筑效果图
作者：王新飞
指导教师：马澜

　　作者主要刻画了高大的建筑，主体与配景形成了鲜明对比，一繁一简，详略得当。

图 4-16 室外建筑效果图

作者：王玮

指导教师：马澜

这是一幅钢笔技法的效果图，主体屋顶以线条的紧密排列形成实面，其他建筑则仅画出外轮廓，很好地表现了前后的虚实关系，植物的画法也别具一格。

图 4-17 酒店大堂效果图

作者：潘颖殷

指导教师：马澜

这是一幅酒店大堂的休息区，画面上的钢笔线条潇洒帅气又不失严谨，内容丰富而不杂乱，彰显出大堂的气派和庄重。

图 4-18　建筑效果图

作者：李雅丽

指导教师：马澜

　　云的自由曲线、海的水平抖动曲线，各具特色；悉尼歌剧院的帆形主体仅以轮廓线准确勾出，这正和下面建筑形成对比，更突出了建筑主体。

图 4-19　别墅效果图

作者：章慧凰

指导教师：马澜

　　这是一幅铅笔技法的效果图，作者用素描的形式画出设计对象，比例准确。比钢笔技法画面略显灰暗。

第二节 马克笔的表现技法

马克笔技法以其丰富的色彩、简便的着色方式、豪放洒脱的画面风格、成图速度快的特性，成为当下最为流行的手绘表现技法。其色彩种类多达百种，按不同色阶分成若干系列，使用极为方便。它的笔尖有粗细多种，粗笔尖呈斜方型，可任意变换笔尖角度，画出粗细不同的线条。此外，它还可以同钢笔、彩色铅笔、水彩等工具相结合，绘制出更为生动的效果图（图4-20）。

马克笔按颜料性质分有：水性、油性和酒精三种。水性马克笔色彩柔和，层次丰富且可与水彩颜料结合使用。油性马克笔色彩艳丽，纯度高，容易扩散。酒精马克笔笔触分明，色彩稳定且不易变色。

图4-20 室外建筑效果图
作者：陈龙
指导教师：马澜

钢笔、马克笔、彩色铅笔的结合，使画面色彩鲜明，灵动，富有节奏感。

一、马克笔的使用方法与技巧

（一）基本技法

1. 并置技法：即在勾画好的画面上规则、均匀地排列笔触，又称平行排笔法。这种技法即可使笔与笔之间紧密相连，也可按需要适当留白，使画面显得轻快、生动（图4-21a）。

2. 渐变技法：是指在上色时用一种颜色或同一色系的马克笔由浅到深、由密到疏的变化方法。这种方法可以快速地表现出物体的立体效果（图4-21b）。

3. 叠彩技法：依据表现对象，运用不同色彩的马克笔或不同性质的笔的叠加所产生的效果。它们都是在钢笔线稿的基础上进行绘制的，色彩一般以灰色调为主，鲜艳的颜色作为点缀或强调。另外，浅色系列的马克笔透明度很好，适合在深色的钢笔画面或其他线描稿上绘制，上色时要胆大心细，这样才能使画面大气、有张力（图4-21c）。

（二）单件物体及植物的绘制技法

首先，用固有色的浅色绘制受光面，再使用中间色刻画中间调子，最后用中色和深色画背光面，同时画出阴影，高光部分留白不上色，运笔方向与物体的结构要一致，尽量避免画出轮廓线之外（图4-22a~4-22g）。室内外表现图中植物可以起到烘托整体气氛和画龙点睛的作用。在刻画植物时要根据植物的形态特点用不同的线条进行表现。上色时也要由浅至深一步步叠加（图4-22h~4-22k）。

图 4-21a　并置技法

图 4-21b　渐变技法

图 4-21c　叠彩技法

图 4-22a　装饰物的画法

图 4-22b　石墙的画法

图 4-22c　砖墙、配景的画法

图 4-22d　自助餐台及灯的画法

图 4-22e　盆景的画法

图 4-22f 床的画法

图 4-22g 床的画法

图 4-22h 植物的画法   图 4-22k 植物的画法

二、马克笔技法的作图步骤

（一）绘制透视稿

可选用绘图纸或复印纸，根据草图或实景照片用铅笔或钢笔绘制线稿，画面要做到构图合理、透视准确、比例得当。同时线条应依据所表现的内容做到粗细有致、变化得当。还可以用线条按照光线的强弱与形状画出光影。线稿画好后，可复印多张留作备用，还可根据需要放大、缩小。复印后的画稿黑色线条不易与马克笔颜色相溶（图4-23a~4-29a）。

（二）确定冷暖关系、铺主基调

在勾画好的画面上着色之前，首先要分析画面的整体色调，按照冷暖关系用淡色的马克笔铺出大体色调。注意要使用同一色系进行叠加，同一材质的物体颜色要统一，并要通过笔触来体现质感。

（三）深入刻画、整理完成

在处理好整体关系之后，对画面细部进行深入刻画，用较深色的马克笔绘制细节，以提高画面的对比度，并表现出物体的质感与光影。在刻画时还可以使用水溶彩色铅笔来处理过渡部分，增强画面的虚实关系，使色彩之间过渡柔和、自然，让画面丰富而沉稳。最后再对整幅画进行调整，加入配景，使画面在统一中赋予变化，增加艺术性（图4-23~4-29）。

图4-23a　客厅效果图钢笔线稿

作者：陈龙

指导教师：马澜

准确、精美的钢笔线稿是画好一幅马克笔技法效果图的前提，这幅客厅的钢笔线稿透视准确，用笔得当，特别是注意了不同质感物体的线条变化，为下一步上色做了很好的铺垫。

图4-23　客厅效果图

作者：陈龙

指导教师：马澜

这幅客厅效果图，作者以马克笔为主要绘制工具，结合彩色铅笔画出暗部与亮部过渡色和地面投影。马克笔用色清新透亮，另画面淡雅、清丽，即使暗部也保持了固有色彩的本来面貌。

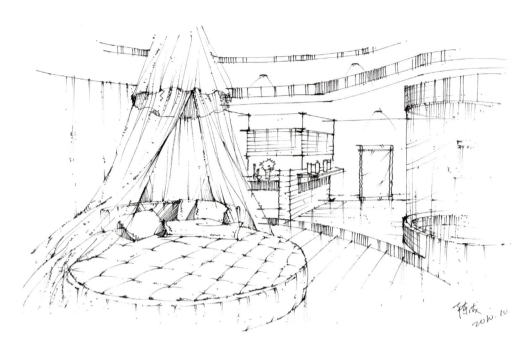

图 4-24a　卧室效果图钢笔线稿

作者：陈龙

指导教师：马澜

　　这幅卧室效果图的钢笔线稿用笔纯属、老练。作者运用富于变化的线条画出了床的弹性、枕头及靠垫的柔软，帷幔的飘逸，又用硬朗的直线画出空间结构和休闲区。一刚一柔表现出不同材质的质感。

图 4-24　卧室效果图　　作者：陈龙　　指导教师：马澜

　　这幅卧室效果图作者重点刻画了近景中的床，深紫色的马克笔画出了帷幔的褶皱暗部，使用蓝紫色加深了床上枕头等陈设品的暗部，接下来又以淡紫色的彩色铅笔衔接了亮部与暗部。紫色的选择还为卧室营造出浪漫、温馨的气氛。马克笔与彩色铅笔的结合使用，还巧妙地表现出纱帘的飘逸与床面的柔软。

图 4-25a　书房局部效果图钢笔线稿
作者：陈龙
指导教师：马澜

　　这幅钢笔线稿尽管只绘制了书房一角，却向大家展示了家具、陈设、植物的不同画法，同时也有点、线（直线、折现、曲线）的范例。如地毯上点的集合形成了暗部，茶几上的几本书的暗面是斜线的排列形成的。总之，要想画好钢笔线稿，还需要持笔不辍，反复练习，才会快速提高绘制水平。

图 4-25　书房局部效果图　　作者：陈龙　　指导教师：马澜

　　这幅书房效果图虽未使用繁重的笔墨，但画面却异彩纷呈，色彩绚丽，尤其是作者对配饰的表达为画面增色不少。从灰色的沙发 、蓝色玻璃茶几、咖啡色的书架再到粉色的单人沙发、黄色的靠垫……，可以看出作者用色大胆，以及对色彩的掌控能力。

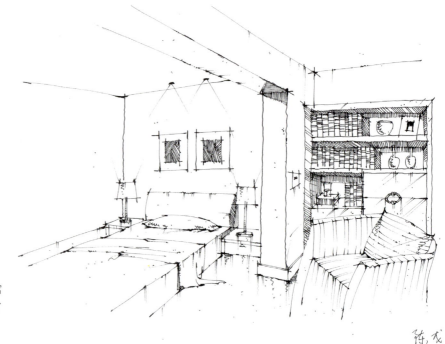

图 4-26a　卧室局部效果图钢笔线稿

作者：陈龙

指导教师：马澜

　　这幅卧室局部效果图钢笔线条流畅，富于变化，成角透视不仅准确还为画面增添了几分动感。

图 4-26　卧室局部效果图　　　作者：陈龙　　　指导教师：马澜

　　这幅卧室局部效果图马克笔笔触圆润，色调轻快明朗。画中软织物、木质书架主要依靠马克笔线条的不同变化来表现。沙发的用色大胆，明暗处理得当。不足之处是沙发、单人床未能完整刻画，因而整体画面不够饱满。

图 4-27a　特色餐厅局部效果图
钢笔线稿
作者：陈龙
指导教师：马澜

　　这张餐厅效果图采用了平行
透视。尽管平行透视会另画面略
显平淡，但画面左侧植物却种植
在三角形的区域内，正是这个三
角形打破了画面的沉闷。效果图
在线条的勾勒上准确到位。尤其
是对物体暗部的刻画，线条处理
得一丝不苟。

图 4-27　特色餐厅局部效果图　　作者：陈龙　　指导教师：马澜

　　这幅餐厅效果图构图别致，透视准确。色彩上以深浅不同的褐色画出了木质材料的质感；柠檬黄色的彩色铅笔轻松地表现了室内的照明效果；
翠绿、浅绿的结合让左侧植物跳跃、夺目。

图 4-28a　室外景观效果图钢笔线稿

作者：陈龙

指导教师：马澜

　　室外景观效果图主要表现室外景观的布局规划，具体刻画的内容有植物、水景、设施等。这幅效果图的钢笔线稿具体、生动。作者分别刻画出不同特征的植物，各不相同，还以轻松、简洁的线条描绘了近景中的喷泉和远处的凉亭。

图 4-28　室外景观效果图　　作者：陈龙　　指导教师：马澜

　　作者用深绿、翠绿、浅绿的马克笔分别处理树木的暗面、固有色彩和高光；黄色树木则用褐色、土黄、柠檬黄的马克笔来绘制，另外在植物的上色时也未拘泥于植物的本身色彩。蓝绿的池水倒映出植物的色彩。整幅画前后层次关系明确，色彩明丽，画面色彩的视觉装饰性较强。

图 4-29a　别墅效果图钢笔线稿

作者：章慧凰

指导教师：马澜

　　这幅别墅的钢笔线稿，作者以流畅、肯定的线条画出主体建筑；对周围的配景处理得轻松、活泼。一张一弛恰到好处。

图 4-29　别墅效果图　　作者：章慧凰　　指导教师：马澜

　　在绘制室外建筑效果图时，除了主体建筑的刻画要严谨准确，周围配景的处理也不容忽视。这幅别墅效果图很好地表现了阳光下建筑物的风貌，西立面（图中左侧）受光面几乎未施任何色彩，而红色屋顶在阳光的照射下，色彩愈加鲜艳。对于周围配景的绘制，作者更是注意了色彩的浓淡变化以及笔触的虚实处理。整幅画构图合理，内容饱满，是一幅较好的别墅景观效果图。

第三节 水粉与水彩的表现技法

一、水粉的表现技法

　　水粉色彩饱和，表现力强，有一定的覆盖力，便于修改，宜深入刻画。水粉颜料的调配方便自由，色彩丰富，画面显得比较厚重。其对纸张要求不是特别严格，水彩纸、绘图纸、色纸等都能使用。绘制时一般按从远到近的顺序，许多色彩可以一次画到位，不用考虑留出亮色的位置，也不用层层罩色，对画面不满意还可以反复涂改。

二、水粉的绘制方法与技巧

　　1. 这种技法的步骤与马克笔技法基本相同。

　　2. 水粉技法应注意底色宜薄不宜厚，颜色中不宜加入过多白色，否则画面会显得过于灰暗（图4-30）。

　　3. 作图时常以湿画法来表现玻璃、天空等。即在第一遍水粉未干时画第二层或第三层。这样有利于质感的表现。而墙面、地面及配景则适宜使用干画法，即在已干的水粉上继续绘制。除此之外还要注意颜色的干、湿、厚、薄搭配使用，有利于画面层次的表现和虚实效果的表现（图4-32）。

　　4. 界尺是水粉技法中不可或缺的辅助工具，这样绘制的效果图既快且准，是一种必须掌握的工具之一（图4-31）。

图4-30 水粉技法别墅客厅效果图　　作者：綦曦文　　指导教师：马澜

　　水粉技法铺底色时一般使用中间色，色彩不宜过于鲜艳。这幅客厅效果图使用暖色作为底色，恰恰符合住宅色彩的要求，既温馨又明快。

图 4-31   利用界尺绘制的迎宾室效果图

　　这是一张较写实的室内效果图，暖色的空间气氛与地毯的紫色既对比又和谐。遗憾的是画中使用的黑色勾线未能很好地区分前后关系。

4-32   水粉技法建筑效果图
作者：綦曦文
指导教师：马澜

　　这是一幅水粉与钢笔结合的效果图。作者以薄画法巧妙地过渡了蓝色的天空与土黄色的地面。又用柠檬黄混合白颜色画出建筑物的高光，在表现透视与结构的关键部分用笔准确到位，毫不拖泥带水。

三、水彩的表现技法

水彩技法是一种传统的、经久不衰的表现形式,其色彩透明且淡雅细腻,色调明快。画面清新工整,真实感强。作画时,色彩应由浅入深,并且要留出亮部与高光,绘制时还要注意笔端含水量的控制(图4-33)。运笔可用点、按、提、扫等多种手法,让画面效果富于节奏与层次感。水彩技法的纸张一般选择水彩纸,颜料选用水彩颜料,工具采用普通毛笔或平头、圆头毛笔均可。

图 4-33　水彩技法餐厅局部效果图　　作者:张晋　　指导教师:马澜

这幅小品形式的水彩技法效果图色彩鲜艳活泼,笔触老练,充满情趣。

四、水彩的绘制方法与技巧

1. 水彩技法应使用铅笔或不易脱色的墨线勾画。线条一定要肯定、准确(如图4-34)。

2. 根据明暗变化,远近关系渲染虚实效果,由浅至深,多次渲染,直至画面层次丰富有立体感(图4-35)。

3. 作画时不能急于求成,必须要等前一遍颜色干透后再继续上色,这样才能避免不必要的水迹,令色彩均匀,画面明快清新。另外叠加的层次不宜过多。

图 4-34　水彩与水粉结合餐厅效果图

作者：张晋

指导教师：马澜

　　这幅快速表现图是以钢笔线条结合水彩、水粉的混合技法绘制。图中手绘线条轻松简练，加上水彩的独特韵味，虽无繁重的笔墨，却使得画面色调绚丽多彩。

图 4-35　水彩技法建筑效果图

作者：魏宁洁

指导教师：马澜

　　作品以简单的笔墨看似轻松实则用心地绘制了主体建筑，又用湿画法巧妙地画出了建筑的倒影，让我们似乎感受到了波光粼粼的水面。

第四节　喷绘的表现技法

　　90 年代前后喷绘技法应用广泛。它是与其他的手绘技法相结合，可以轻松地表现柔和的色彩过渡关系以及微妙的色彩变化和丰富的层次。能够绘制出细腻精美、写实的绘画作品，具有很强的表现力（图 4-38）。然而今天由于计算机的普及以及绘图软件的不断更新，人们已较少使用喷绘技法。这里仅对喷绘技法做简单介绍。

　　喷绘的工具主要有空气压缩机与喷笔。其他除了绘图的颜料和纸张以外，还要准备遮挡膜（板）。

一、喷绘的特点

1. 喷绘常表现大面积均匀的变化、曲面、球体、光滑的地面、倒影、灯光等的效果，其表现效果同其它手绘技法相比更加细腻真实。

2. 喷绘的色彩均匀、平整、无笔触。

3. 便于修改（必要时可先喷涂白色，再进行调整）。

4. 可以任意推移变换色彩明度。

二、喷绘的工具与材料

喷绘的工具主要有空气压缩机与喷笔。在绘制效果图时还需要绘图的颜料、纸张、遮挡膜（板）、裁纸刀、毛笔、槽尺和若干调色用小型容器。

1. 喷绘技法的主要工具是喷笔与空气压缩机。喷笔是一种精密仪器，是喷绘技法的主要绘图工具之一（图4-36）。喷笔的喷嘴口径小，易堵，因此在每次使用后都应该进行仔细清洗。然而喷笔是不会自动喷出颜料的，它需要能源源不断提供气压的设备，这就是空气压缩机（气泵）。喷笔通过气体喷发将颜料喷出来。一般效果图使用小型空气压缩机即可（图4-37）。空气压力的大小可以通过喷笔的气流调节旋钮来控制调整，以满足喷绘时的需要。

2. 喷绘材料除了绘制效果图必备的颜料、纸张、毛笔、槽尺以外，还包括遮挡膜（板）和若干调色用小型容器。喷绘颜料要选择无杂质的水性颜料；纸张应选用吸水性好表面较光滑的纸；喷绘的遮挡膜是一种自带特殊粘性的透明薄膜，它可以剔刻出十分准确的形状且遮挡严密；小型容器主要用来盛放调好的色彩。

图4-36 喷笔

图4-37 小型空气压缩机（气泵）

图4-38 喷笔技法台球厅效果图
作者：张福利

这是一幅结合水粉技法的效果图，作者使用喷笔绘制了天花、墙面以及地面投影。整幅画细腻、逼真。

三、喷绘的绘制方法与技巧

1. 画好透视稿后，使用遮挡膜将先无需上色的部分遮盖好，进行喷绘，每喷完一个部分，就将其遮盖好，再完成另一部分。

2. 喷绘的顺序应该是先浅后深，并先从影响画面的大面积入手，如墙面、地面、顶棚等。

3. 在喷绘的过程中，对墙面、地面、顶棚等面积较大的部分一定要做到近实远虚的效果，喷绘石材和反光材料时要强调倒影和高光。

4. 当画面全部喷绘完成后，再用毛笔和槽尺等工具进行深入刻画。

第五节 综合表现技法

综合表现技法便是不同技法之间取长补短、结合应用。这样绘图工具的综合使用，优势互补，能够更好地发挥各自的特点与长处，另画面达到最佳的艺术效果。在作画时，它所遵循的原则与其他画法相通。既严谨的透视、准确的素描、色彩关系。

以下介绍几种常用的综合表现技法。

一、马克笔和彩色铅笔

单一的马克笔表现图有时会显得过于写意，结合彩色铅笔可以巧妙地衔接不同色彩，补充底色，使整个画面变得生动、饱满（图4-39、4-40）。

二、色纸、马克笔和彩色铅笔

用绘图笔和铅笔刻画形体轮廓；利用纸的色彩作为画面底色；用马克笔画出地面、家具、绿化和人物等；最后，用彩色铅笔画出过度色彩并表现出质感及材质细节（图4-41、4-42）。

三、马克笔与水粉、水彩

马克笔与水粉、水彩的先后次序，可以根据画面要求而定。一般情况下马克笔常常在水粉、水彩表现接近完成时进行补充，运用得当可以达到事半功倍的效果，比一般画法省时、省力。

总之，在一幅完整的效果图中，往往不是单一表现形式的孤立的使用，为了达到丰富逼真的艺术效果，要将不同表现形式结合起来共同使用。充分发挥各表现形式的优点，使画面更完整、更充实，材质更加逼真。

一层自助餐厅效果图

图4-39　马克笔与彩色铅笔结合自助餐厅效果图　　作者：金鑫　　指导教师：王维

作者将大量的笔墨放在了钢笔勾线上，细腻的钢笔线条，让画面显得丰富而有层次感，马克笔和彩色铅笔的结合更为餐厅增添了活跃的气氛。

图 4-40　马克笔与彩色铅笔结合建
筑外观效果图

作者：鲁勇

指导教师：马澜

　　这幅建筑效果图的线条颇具草
图风格。透视比例关系准确，钢笔
线条灵活自如，马克笔笔触简练而
不失凝重。

图 4-41　利用色纸马克笔结合彩色
铅笔室外建筑效果图

作者：潘丽娜

指导教师：马澜

　　利用色纸绘制效果图，一般选
用灰色的纸张，并将其作为背景色，
这张草图风格的效果图利用灰调作
为室外背景色，再用流畅的钢笔线
条勾勒出主题，仅以少量的马克笔
和彩色铅笔就很好地表现出所有内
容。

图 4-42　利用色纸马克笔结合彩
色铅笔的客厅效果图

作者：潘丽娜

指导教师：马澜

　　这是一幅在较短时间内完成
的效果图。色纸的暖色恰恰烘托出
室内的温馨气氛，画中仅用马克
笔画了沙发的暗部和其他的暗色调，
再用彩色铅笔画出亮面和高光，
钢笔勾勒轮廓后，这幅画就大功
告成啦。

第六节 计算机的辅助设计

　　21世纪的今天，计算机软硬件不断地升级提高，计算机设计效果图得到广泛应用，并且正朝着更深层次发展。计算机的辅助设计能对造型、材质、色彩、灯光等数据进行精确地计算，准确地表达出设计师的设计构想，为人们再现设计建成后的实际效果。随着三维动画技术的普遍应用，甚至可以制作动画漫游，给人以更加直观的印象。然而，手绘和计算机辅助设计各有千秋，一般在计算机设计之前要有比较准确的手绘方案，才能运用计算机进行深入完善，运用其强大的表现力完整地再现设计预想。

计算机表现图的制作过程主要有以下三个步骤：

一、建模

　　设计者一般采用的建模软件有：AutoCAD 和 3D。一般 AutoCAD 可以绘制建筑模型，3D 可以用来制作复杂的产品和室内模型。

二、效果渲染

　　渲染的主要软件包括 3D 和 Lightscape。3D 赋予模型材料、给予各种类型光源、设置摄像机、最后进行逼真的渲染；Lightscape 能够对模型材料进行编辑、定义光源，日照效果、最后进行光能传递渲染。

三、后期处理

　　效果图后期处理的常用软件是 Photoshop，它可以修正图像亮度、对比度、饱和度等，并对细节进行润饰、图片拼贴、添置配景，让效果图更加丰富生动（如图 4-43~4-47）。

　　总结：环境艺术效果图的表现技法多种多样。我们不必拘泥于某一方法，可以根据自己的爱好与特长，并依据表现对象确定所使用的方法。这就需要设计师的长期训练和积累，发现并总结以往的经验和教训，推陈出新，才能绘制出经典的佳作来。

图 4-43　卧室效果图　　　作者：陈龙　　　指导教师：马澜

　　计算机设计效果图绘制手段和方法随着工具的改进和技术的提高而被不断地发展，使得效果图的绘制更真实，更完美，更优质。

图 4-44　卧室效果图　　　作者：陈龙　　　指导教师：马澜

　　这幅冷色调的计算机设计效果图在光影的处理上恰到好处，较好的表达了作者的设计构思。

图 4-45　起居室效果图　　　作者：陈龙　　　指导教师：马澜

这幅计算机渲染的效果图材质表现逼真，具有直观性，真实性，说明性和艺术性的特点。

图 4-46　会客与餐厅效果图　　　作者：陈龙　　　指导教师：马澜

作品采用成角透视，表现了会客区域的空间设计，它明确地叙述了作者的设计意图。

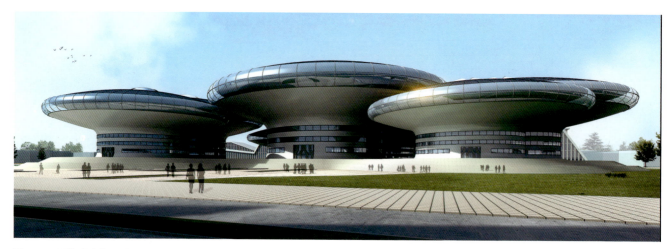

图 4-47　博物馆建筑设计效果图　　　作者：魏娜　　　指导教师：马澜

计算机辅助设计以其无可比拟的表现手段反映出设计师的设计思想。它作为表达和叙述设计意图的工具，享有独特的地位和价值。这幅当代建筑设计作品的作者就在手绘草图的基础之上利用计算机辅助设计将自己的设计思考（创意）过程中的抽象思维，概念转换成具有视觉特征的可视形式。

本章总结：

1. 体会不同绘制工具的特点，以及不同绘制工具之间的表现差异。
2. 利用彩色铅笔入门，通过水彩练习学生们的精细与耐心，利用马克笔培养实用技能。

课后练习建议：

1. 总结并思考各种技法的特点。
2. 使用马克笔进行平涂、叠加（同色系多支叠加、同色同支叠加）、灰度变化（在灰色打底的基础上画颜色）等练习。
3. 单件物体技法练习，充分体会马克笔使用方法，掌握使用要领。为熟练使用马克笔绘制设计表现图打下基础。
4. 运用综合表现技法绘制室内、室外设计表现图。

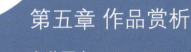

第五章 作品赏析

章节要点:
1. 通过对表现技法一段时间的学习,再次评价表现图作品,又会有什么样的认识?
2. 通过对这些作品的赏析,能否使学生从中看到自己的"影子"?

绘制设计表现图要求设计者脑、眼、手协调、默契的配合。一个有亮点的创意,一个有创新价值的方案,需要设计师以高昂的创作热情,用最直接、最简便、最真切的手绘形式将其表现出来。只有这样的效果图才蕴涵着特有的神韵,而这不是通过程序和指令所能实现的。我们知道,要想将转瞬即逝的设计灵感记录下来,就需要我们平时持笔不辍、勤绘以恒。

这一章的所有作品都出自编者的学生之手,尽管在他们的作品中还有这样或那样的缺点,但总有些地方值得学习,在这里编者将这些效果图一一展示出来。

第一节 建筑篇

建筑类效果图主要分两大类:一类是以建筑物为主题的艺术作品。它所描绘出的建筑物往往是作为一种艺术对象来刻画,同时也是作者记录优秀建筑设计的方法与手段。另一类是以描绘工程建筑为主体的效果图,其中多数是在建筑尚未建成前,依据建筑基地场景而描绘出来的,具有立体的空间层次与真实的环境气氛以及丰富的色彩效果的表现图。

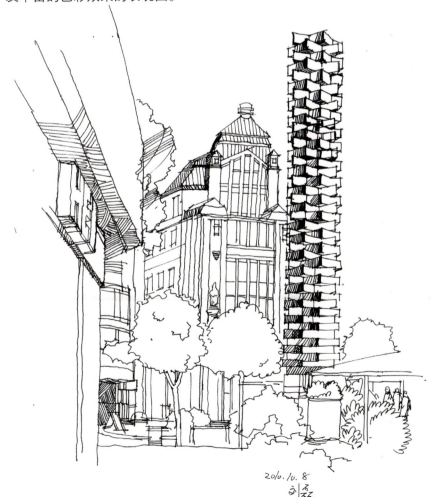

图 5-1　建筑效果图

作者:刘磊

指导教师:马澜

这是一幅以钢笔为绘画工具的建筑效果图,在绘制时主要刻画了主体建筑,仅以轮廓线描绘出周围景物,形成了明确的主次关系。不足之处是在暗部的线条处理上应注意有所区别,不能千篇一律。

图 5-2 建筑效果图
作者：贾韵博
指导教师：马澜

　　这是一幅钢笔的记录性建筑效果图，手绘线条虽然看似松散，却有自己独特的表现魅力。同时，在表现透视与结构的关键部分用笔准确到位。如能再以更加洗练的手法刻画人物，画面会更理想。

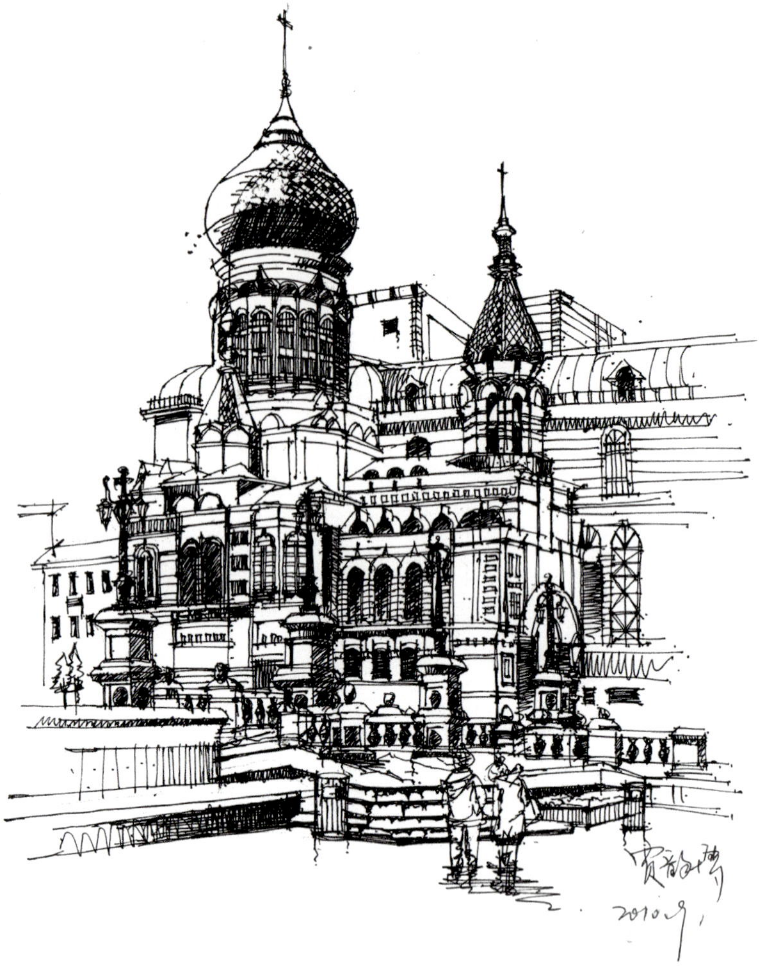

图 5-3 建筑效果图
作者：章慧凰
指导教师：马澜

　　这是一幅犹如水墨画的钢笔效果图，线条富于变化且笔法轻松，作者还以水将暗部墨迹晕开，不但增加了建筑的立体感，还令画面生动传神。不足之处是对人物及物体（汽车等）的刻画不够严谨。

图 5-4　建筑效果图
作者：贾韵博
指导教师：马澜

　　在绘制记录性题材的效果图时，要特别注意整体的表现。这幅作品作者把一个景物繁杂的场景通过详略得当的表现刻画得层次分明，画面构图也很生动，透视比例关系准确，挥洒的笔触简练而不失凝重。

图 5-5　建筑效果图　　　作者：王新飞　　　指导教师：马澜

　　这是一幅钢笔技法的快速表现作品。手绘线条灵活多变，尤其是对场景中汽车的刻画恰到好处，光影的处理也准确到位，例如，建筑的屋顶就未施笔墨，正表现出阳光下的建筑特点。在表现透视与结构的部分用笔也很准确。

图 5-6　别墅效果图　　　作者：陈龙　　　指导教师：马澜

　　这是一幅具有欧式风格别墅的钢笔技法效果图，构图层次丰富，线条严谨。整个建筑结构明晰，前后虚实关系得当，是一副很好的钢笔技法表现图。

图 5-7　建筑效果图　　　作者：张晋　　　指导教师：马澜

　　这是一幅建筑表现图作者采用了成角透视，使整个画面富于动感。图中利用线条的排列绘制出建筑的光影效果，更突出了建筑结构的层次感与空间感，缺点是线条略显生硬。

图 5-8　建筑效果图

作者：张晋

指导教师：马澜

　　这幅钢笔技法的建筑效果图与上一幅作品都出自同一作者，依旧使用成角透视，完整的表现出建筑整体。线条尽管简练，却也能看出作者用笔纯熟老练，只是对天空的处理略显简单。

图 5-9　建筑效果图

作者：李磊

　　这是一幅记录性题材的效果图，整幅图构图得当，钢笔线条肯定明确，缺点是窗户线条的处理不够严谨。另外，今后在绘制效果图的时候还应注意前后虚实关系的变化处理。

图 5-10　建筑效果图

　　整幅图带给人一股清新的感受，尽管用色不多，却将阳光下中国古建筑的风貌展示给大家。图中钢笔线条纯熟老练，建筑与配景的虚实关系也恰到好处。

图 5-11　建筑效果图

作者：贾韵博

指导教师：马澜

　　这幅图用色大胆，马克笔笔触灵活且富有变化，古建的主体色彩明丽清新。只是地面与天空的色彩应注意区分，配景的处理也过于松散。

图 5-12　别墅效果图

作者：陈龙

指导教师：马澜

　　这幅作品是钢笔、马克笔、彩色铅笔结合的绘制方法，画面的透视比例关系准确，钢笔线条严谨流畅，色彩凝重雅致，背景的树木处理也恰到好处。特别是光影的刻画，准确的投影位置、蓝灰色的马克笔色调即稳重又不沉闷。

图 5-13　建筑效果图

作者：王新飞

指导教师：马澜

　　这是一幅颇具草图风格的建筑表现图。画面构图生动、透视比例关系准确，挥洒的笔触简练而不失凝重，灵动跳跃的色彩很好地渲染了环境气氛。

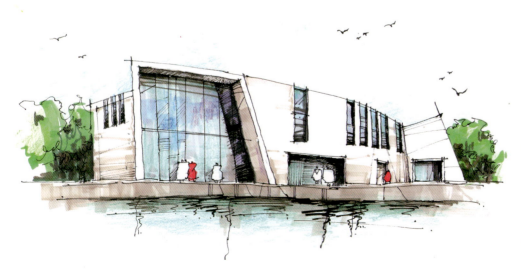

图 5-14　建筑效果图

作者：孙慧慧

指导教师：马澜

　　作品颇具手绘草图举重若轻的风格，寥寥几笔就将建筑物跃然纸上。

图 5-15　建筑效果图　　作者：王新飞　　指导教师：马澜

　　这幅极具草图风格的效果图，钢笔线条肯定准确，用色大胆果断，笔触丰富多变。一抹淡紫色又让作品富于装饰性。不足之处是前景的树木使画面略显松散。

图 5-16　别墅效果图　　作者：陈龙　　指导教师：马澜

　　这幅作品建筑结构表现准确，配景画法也显示了作者扎实的基本功，尤其是对建筑结构上明暗交界线的处理，表现得相当精彩。整幅作品用色鲜艳活泼，建筑物如同沐浴在阳光之下，给人以清新的感受。

图 5-17　建筑效果图　　　作者：鲁勇　　　指导教师：马澜

　　记录性题材的建筑效果图需要作者在很短的时间内将所见到的建筑与场景描绘出来，如果内容复杂，也可使用照相机拍下后再运用透视技法准确绘制出来。这幅马克笔快速画法的效果图透视准确，钢笔线条纯熟老练，建筑物材质的真实性表现及光影效果的刻画也较准确。只是近景地面的马克笔颜色应和建筑物的色彩区分开。

图 5-18　别墅效果图　　　作者：魏宁洁　　　指导教师：马澜

　　这幅建筑效果图同以下两副作品都是学生毕业设计时所创作的。三幅图都是欧式风格的别墅设计效果图，每幅图都极具装饰性。作品选用水彩纸，借助纸张本身的肌理，选用水彩颜料进行绘制。这幅图作者将门窗处理成略带紫色的冷光，使画面带有一些梦幻色彩，不禁让人想起童话世界中的城堡。

图 5-19 别墅效果图

作者：魏宁洁

指导教师：马澜

　　这是一幅水彩技法效果图。在构图上以一点透视的角度形成强烈的视觉中心，通过近乎写实的刻画来体现建筑的丰富结构，画面用色大胆，不拘泥于物体的固有色，更注重画面色彩的视觉装饰性，较好地体现了水彩技法的艺术性。

图 5-20 别墅效果图

作者：魏宁洁

指导教师：马澜

　　光影气氛的处理正是这幅效果图的点睛之笔，檐部的投影色彩干净透亮，毫不拖泥带水。建筑物的淡淡黄色让整座建筑沐浴在明媚的阳光之中。

图 5-21　建筑效果图　　作者：张晋　　指导教师：马澜

　　作品内容饱满，色彩鲜艳活泼，笔触老练，刻画详略得当。尤其是画面中的植物为整幅作品增色不少。不足之处是彩色铅笔处理的天空部分略显简单。

图 5-22　建筑效果图

作者：张晋

指导教师：马澜

　　森林中的木屋，蓝紫色的树木，仿佛把我们带进一个童话的世界。作者用色比较主观，不拘泥于物体的固有色，更注重画面效果，用笔大胆自由，让画面充满情调。

图 5-23　建筑效果图　　作者：李磊

　　这是一幅记录性的建筑效果图，作者以娴熟的钢笔线条，熟练的马克笔笔法，描绘出圣家族大教堂的雄姿。其用色比较主观，不拘泥于物体的固有色，更注重画面效果，用笔大胆自由，画面充满情调。美中不足是画面的细节之处太过概括，不够具体。

图 5-24 建筑效果图
作者：李磊

　　暮色下法国巴黎的卢浮宫与玻璃金字塔带给人神秘的色彩，明确的光影处理让画面层次分明，前景中人物的处理也恰到好处。但今后作者在绘制记录性效果图时应注意局部的描绘，以突出画面重点。

图 5-25 建筑效果图　　作者：李磊

　　作者几乎是以深色马克笔刻画了夜色天空，而柏林大教堂却被置于一片耀眼的人工照明之中，从而更加凸显了教堂的神秘气氛。

图 5-26　建筑效果图　　作者：李磊

　　作者将米兰大教堂的雄姿跃然纸上，足见其对画面构图的掌控能力，不足之处是应注意建筑物在光影下的色彩变化。

图 5-27　建筑效果图　　作者：李磊

　　这幅佛伦萨城市鸟瞰图，场景庞大、建筑众多。在画这类效果图的时候，首先应确定画面主体建筑，再以此为中心进行刻画。切忌面面俱到，重点不突出。

第二节 室内篇

　　在室内效果图的学习过程中，初学者多以临摹为主，这种方法固然正确，但切忌不能盲目临摹。要在这一过程中，认真分析、归纳、总结绘画技巧。用肯定与接纳的态度对有价值、易掌握的技法部分进行学习并反复揣摩，总结出适合自己的一套绘画方法，进而熟练掌握它。最后再在这个基础上进行创意设计，将头脑中的设计思路跃然纸上。这正像是由"演练"转为"实战"。这一阶段是学习室内设计表现图不可缺少的过渡环节。

　　接下来就是设计师的设计创意阶段，这标志着设计者已经进入一个新的层次。作者在效果图的绘制过程中，应有效地通过一些有计划的、成熟的想法和手法，使设计作品本身比实际环境更加突出、更加完美，取得生动感人、耐人寻味的效果，从而使人们感受到赏心悦目的新的室内艺术环境。

图 5-28　起居室效果图

作者：陈龙

指导教师：马澜

　　这是一幅起居室的钢笔技法效果图，横构图的画面表现出空间的开阔，画面结构与构图比例关系严谨，很好地体现了室内的空间感。钢笔线条用笔肯定，对沙发的刻画准确得当。

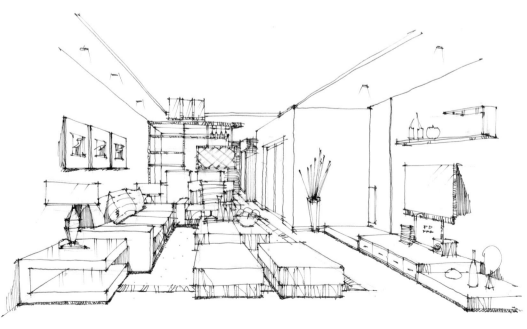

图 5-29　起居室效果图

作者：张晋

指导教师：马澜

　　作品内容丰富饱满，透视准确、构图合理，钢笔线条大胆流畅，缺点是前后虚实关系的处理不够理想。

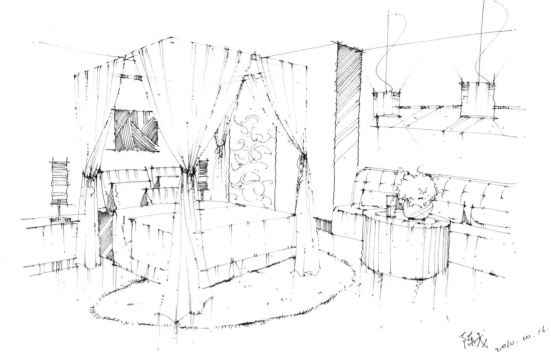

图 5-30 卧室效果图

作者：陈龙

指导教师：马澜

　　在这幅卧室的钢笔技法效果图中，作者着重刻画了床的部分，尤其是对帷幔的褶皱描绘，边缘线条流畅、自由，褶皱部分则虚实结合，很好地表现了纱质的材料。另外作品选用了成角透视，让画面生动活泼，富于动感。

图 5-31 起居室效果图　　作者：陈龙　　指导教师：马澜

　　平角透视的表现方法避免了平行透视的呆板，还可以表现出开阔的室内空间。这幅钢笔技法的效果图线条洗练、严谨，家具透视准确，桌面上的物体刻画简练、主次分明，植物的绘制生动传神，为画面增色不少。

图 5-32 客厅效果图

作者：陈龙

指导教师：马澜

　　这是一幅钢笔技法的客厅效果图，一点透视让画面的空间开阔，主次景物的层次关系与互相衬托，很好地表现了室内的纵深感，使画面丰富而不显杂乱。图中装饰物的刻画更烘托出客厅温馨的气氛，尤其是圆形茶几上的书籍更为室内增添了几分文化气息。

图 5-33 客厅效果图　　作者：陈龙　　指导教师：马澜

　　在绘制室内效果图时，一般会选择平行透视和平角透视来表现较大的空间与进深，而成角透视则用来表现小的空间或局部区域。这幅效果图就以成角透视画出了客厅的一角。

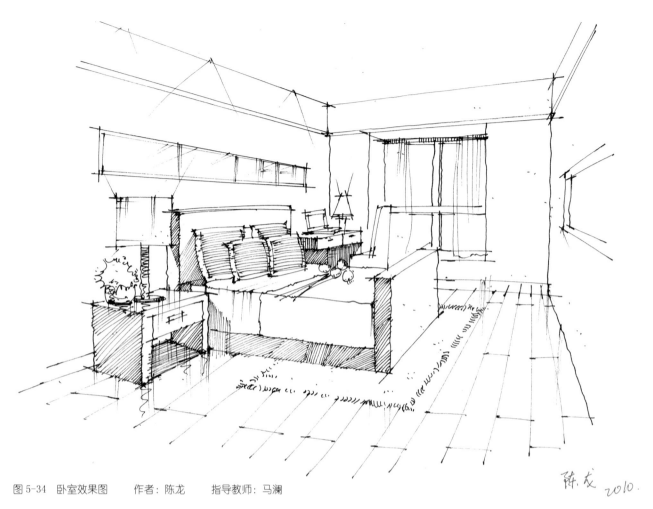

图 5-34　卧室效果图　　作者：陈龙　　指导教师：马澜

　　这是一幅钢笔技法的卧室效果图，画面严谨，透视准确，富于动感，线条流畅生动，体现了作者纯熟老练的绘制技巧。缺点是家具的暗部与地面的阴影线条处理应区别开来。

图 5-35　客厅效果图

作者：陈龙

指导教师：马澜

　　尽管作者运用的是成角透视，却能将这一会客区域描绘的淋漓尽致，对画面中的物体更是刻画得一丝不苟，例如，藤椅的柔韧、壁炉砖石的古朴典雅、靠枕的柔软、金属灯杆的硬挺，就连桌面的烛台与花卉都准确严谨。从后面沙发靠背的简洁表达也能看出作者对虚实关系的分析。只是左侧墙壁阴影与壁炉的暗部对线条的刻画还要有所区别。

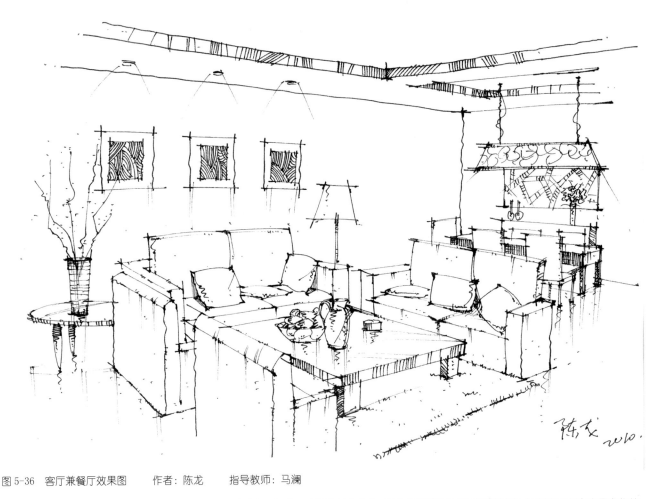

图 5-36　客厅兼餐厅效果图　　作者：陈龙　　指导教师：马澜

　　这是一幅钢笔技法的效果图，作品透视准确，尽管成角透视不易表现较多的内容，但作者巧妙地拉远了观察角度，这就能看到室内更多物件，避免了成角透视的不足。整幅效果图物体描绘严谨、生动。

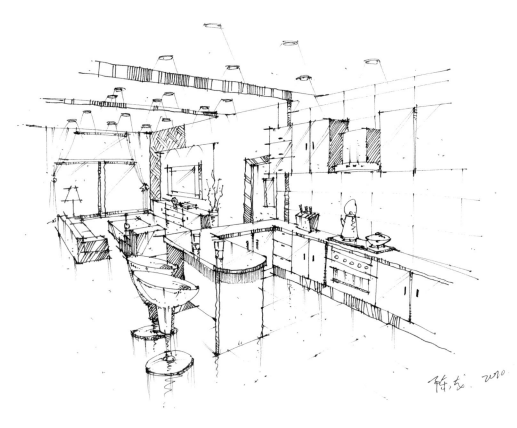

图 5-37　客厅兼厨房效果图
作者：陈龙
指导教师：马澜

　　这幅钢笔技法效果图表现的是客厅与敞开式厨房。从图中我们不难看出相对于厨房，客厅则处于下沉空间。作品通过详略得当的刻画体现了室内的层次关系，作者以大量的笔墨描绘了厨房的整体橱柜，还有画面近景中的两把坐凳都作了认真的刻画，这使得整幅画的前后关系更加明确突出。

图 5-38 客厅效果图

作者：陈龙

指导教师：马澜

　　平行透视能够比较容易地表现出室内的纵深感。这幅效果图就很好的绘制出室内视听区域并以概括的手法绘制出台阶附近的空间。画面线条自由流畅，笔法纯熟，缺点是近景内容还应更加饱满丰富。

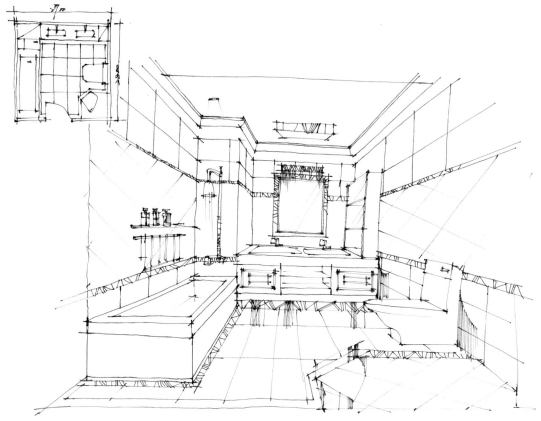

图 5-39 卫生间效果图　　作者：张晋　　指导教师：马澜

　　在住宅的室内设计中，设计师要严格依据实际平面图的尺寸进行设计。在设计完成时，要为业主提供全面的设计图纸。这幅图正是设计过程中的图纸（并非最终图纸），左上角是卫生间的平面布置图。整幅图的钢笔线条虽然看似随意，却能准确反映所有物体甚至连瓷砖的铺贴方法都——描绘出来。不足之处是不同材质的用线应有区别。

图 5-40 西餐厅效果图

作者：陈龙

指导教师：马澜

此幅效果图对近景的详细刻画与远景的简略处理形成了对比，同时也表达了作者的绘画意图。近景中对开启中吊灯的刻画以及对每套餐具的一丝不苟的描绘，连同桌上的那盆植物的绘制，都无不透出作者纯熟的绘画功底以及传神的表现技巧。

图 5-41 自助餐厅效果图

作者：陈龙

指导教师：马澜

这是一幅自助餐厅的钢笔技法效果图，尽管是平行透视，但餐桌角度的选择却很好地避免了平行透视的呆板。整幅图透视准确，线条严谨、生动，从中可以看出作者扎实的基本功。

图 5-42　综合性商业区的共享空间
作者：王新飞
指导教师：马澜

　　这幅中式风格的钢笔技法效果图在构图上以平角透视的角度形成强烈的视觉中心，通过细致的刻画描绘出复杂的建筑结构。在画面中突出了空间与建筑主体的纵深感，表现出了大型共享空间华丽而热闹的气氛。缺点是钢笔线条还欠准确、严谨。

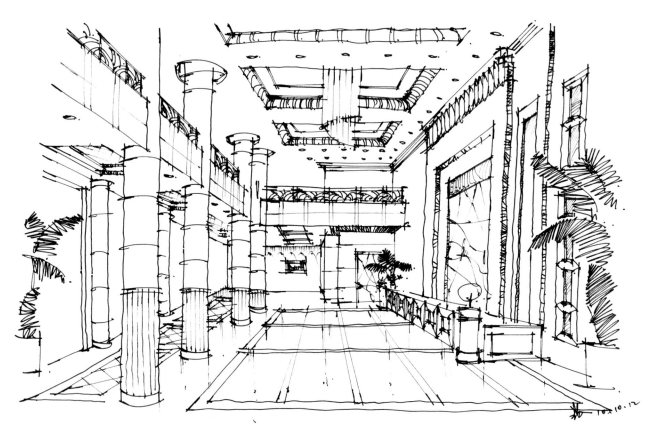

图 5-43　酒店大堂效果图　　作者：张晋　　指导教师：马澜

　　这是一幅略带草图风格的钢笔技法效果图，尽管建筑结构复杂，作者却能很准确到位地表现空间结构和透视关系。线条挥洒自如，只是近景两侧的植物刻画还缺少章法。

图 5-44　卧室效果图

作者：王敬玮

指导教师：马澜

　　在使用马克笔绘制效果图时需要有组织地排列笔触来表现物体的立体感。这幅图家具的笔触排列较好地表现了色彩、材质与造型，尽管选择了深色，却并不显得沉闷，反而表现出色调凝重、层次丰富，有一种独特的视觉风格。缺点是床侧边织物的钢笔线条过于散乱。

图 5-45　酒店客房效果图　　作者：金鑫　　指导教师：马澜

　　这幅效果图表现的是具有欧陆文化风情的酒店客房。作品以丰富的钢笔线条绘出物体暗部或阴影，强调用色凝重而不沉闷，富丽庄重。图中各种不同物体的形体刻画生动，质感表现得也很出色。缺点是部分内容表现得稍微生硬了些，缺少虚实变化的处理。

图 5-46　卧室效果图　　　作者：陈龙　　　指导教师：马澜

　　室内空间在色彩表现上，采用黄色，暖色调的使用可产生积极的视觉心里效应。整幅画透视比例关系准确，挥洒的笔触简练而不失凝重，灵动跳跃的设色很好地渲染了室内光影气氛。作品风格工整清丽，色调和谐明快，线条富于刚柔变化，对室内物体不同材质的表现极为出色，尽管只刻画出卧室的一角，但却让人过目不往、回味无穷。由此可以看出作者对表现技法的熟练驾驭以及严谨的绘画作风。

图 5-47　客厅效果图

作者：范乐金

指导教师：马澜

　　这幅客厅效果图在构图上以一点透视的角度形成强烈的视觉中心，很好地表现了空间的纵深感，通过详略得当的刻画来体现室内的层次关系，在画面中突出了沙发位置的内容，作者运用了跳跃的色彩，突出了客厅前景的物体，同时也恰当地处理了冷暖关系。

图 5-48 卧室效果图
作者：章慧凰
指导教师：马澜

　　选择恰当的色纸绘制效果图，可以达到事半功倍的效果。这幅卧室效果图就利用色纸的色彩作为底色，墙面与地面只需要画出暗部与投影即可。效果图的钢笔线条挥洒自如，设色灵动跳跃，电视柜与右侧墙面的装饰在色彩与质感的表现上都很理想。不足之处是钢笔线条略显凌乱。

图 5-49　餐厅效果图　　　作者：张晋　　　指导教师：马澜

　　这幅颇具草图风格的室内效果图，主要刻画了近景的餐桌部分。透视比例关系准确，挥洒的笔触简练而不失凝重，油性马克笔笔触的巧妙处理还颇具水彩意蕴。线条勾勒看似杂乱，实际上都很准确到位地表现了室内家具、物品的结构和透视关系。

图 5-50　客厅效果图　　　作者：陈龙　　　指导教师：马澜

　　室内色彩对人头脑和精神的影响力，是客观存在的。这幅别墅顶楼接待室效果图采用黄、大红等高纯度的暖色调，带给人积极的视觉心里效应。沙发局部蓝、白的使用又与背景形成鲜明的冷暖对比，看起来呼之欲出，相当醒目。整幅画充满了恬静与温馨。

图 5-51　阳台效果图

作者：谢曼星

指导教师：马澜

　　在室内空间中，流动的曲线除了可以带给人轻松舒适的感受之外，还可以避免视觉上的死角。作者将阳台巧妙地处理成弧形，再在其中放置几把座椅，还有地面砖石的铺贴，都营造出一种古朴、典雅、清幽的休闲氛围。

图 5-52　厨房兼餐厅效果图　　　作者：王新飞　　　指导教师：马澜

　　这幅效果图画面简洁明快，手绘线条轻松简练，虽无繁重的笔墨，却也恰到好处，构图简略得当，图中黄色的运用让空间充满温馨，而且黄色还可以增加人的食欲。地面上物体的投影很好地表现了釉面砖的材质。缺点是餐桌的透视不够严谨。

图 5-53　客厅效果图　　　作者：陈龙　　　指导教师：马澜

　　在这个室内环境中，前景中的单人座椅、沙发上的靠垫、桌面的装饰布都以高纯度的蓝色绘制，同白色背景形成对比，让人看起来呼之欲出，非常醒目。作者还用写实的手法将壁炉上的文化砖处理得极为逼真。黄色地毯同地面淡淡的土黄色让画面和谐统一。清幽中不失华贵气息。

图 5-54 客厅效果图

作者：陈之豪

指导教师：马澜

　　中式的茶几、鼓凳、沙发以及画有梅花的屏风，让整幅效果图洋溢着中国风情。然而作者并没有拘泥于物体的固有色，用色比较主观，例如茶几的色彩。作品表现手法于粗犷中不失精细，色调冷暖对比的把握适当。缺点是构图缺少章法，画面中的物体组织得稍显拥挤。

图 5-55 客厅效果图　　　作者：王敬玮　　　指导教师：马澜

　　这是一幅中式风格的效果图，色调冷暖对比把握适当，室内建筑结构表现准确，把一个装饰与景物繁杂的客厅通过详略得当的表现刻画得层次分明，画面构图也很生动，画面效果显得丰富多彩。缺点是作者对钢笔线条的掌握还不够熟练，马克笔的应用也略显生疏。

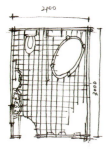

图 5-56　卫生间效果图
作者：孙宇等
指导教师：马澜

　　这幅效果图与图 5-57
都是"新人杯"室内设计大
赛的设计作品。这幅快捷酒
店的卫生间设计犹如童话世
界的奇妙空间。作者的灵感
来自天然的溶洞，并将其应
用到天花与墙面的设计中。
浴缸设计成悬吊式，如同儿
时玩耍时的秋千。

图 5-57　自助餐厅效果图　　　作者：阮冰霜等　　　指导教师：马澜

　　这幅效果图设计独特，思路奇妙，只是对于餐厅来说，色彩略显冰冷，笔法稍显稚嫩。相信我的学生会在今后的设计道路上不断进步、提高并永远保持这种创作激情。

图 5-58　酒店多功能厅效果图　　作者：李磊

　　多功能厅的主要功能包括召开宴会、举行会议等多种功能。因此在色彩和空间布局上应满足多样性的功能。这幅钢笔、彩色铅笔、马克笔结合绘制的效果图，在色彩上以暖色为主调（金色的顶棚、紫红的桌布与窗帘），营造出一种和谐、热情的祥和气氛。

图 5-59　餐厅效果图　　作者：李磊

　　这是一幅以马克笔、彩色铅笔、钢笔为绘制工具的西餐厅设计效果图。这幅图钢笔线条勾勒一丝不苟，尤其是椭圆形吊顶与椭圆形理石地面的绘制，透视准确，设计新颖。暖色的灯光、淡紫色的沙发很好地烘托出特色西餐厅的情调。不足之处是应注意钢笔线条的变化以及画面的前后、虚实变化。

图 5-60　厨房兼餐厅效果图　　　作者：史越　　　指导教师：马澜

　　这幅作品内容饱满，作者用棕色系列马克笔画出了餐桌和天花的木质材料，而桌面与地面为了表现光的效果则使用了近似桔黄色的马克笔。不足之处是在马克笔收笔之处的处理显得过于仓促，笔锋凌乱。

图 5-61　酒店餐厅效果图　　　作者：金鑫　　　指导教师：马澜

　　这幅餐厅效果图是以钢笔、彩色铅笔与马克笔混合绘制的。用色凝重而不沉闷，富丽庄重。图中不同物体的形体画得较扎实。缺点是钢笔线条的排列还较生疏，同时也缺少变化，画面的前后虚实关系处理欠佳。

图 5-62　客厅效果图
作者：李磊

　　这是一幅欧式风格的室内效果图，也是经典的手绘表现佳作之一，采用马克笔、彩铅结合钢笔线条的混合表现技法，用笔纯熟老练，色调凝重而不沉闷，风格细腻华丽，色彩浓重典雅。图中不同物体的形象准确，刻画得也几近完美，质感表现得也非常出色。

图 5-63　餐厅效果图　　作者：李磊

　　这幅效果图表现的是具有欧陆文化风情的酒店餐厅。作者对物体的刻画细腻传神，尤其是近处玻璃器皿的绘制，足见作者扎实的基本功，透视方面严谨准确，构图比例关系恰当。透明的天花顶棚也处理得恰到好处，蓝色的玻璃天花板外有隐约可见的树木，让就餐者仿佛置身于自然之中。整幅效果图无论是整体气氛表现，还是局部细节处理，都可以欣赏到精彩纷呈的艺术表现。

第三节　景观篇

　　景观设计表现图是景观设计整体工程图纸中的一种。随着我国城市建设的发展和人们对环境意识的不断加强，景观设计正成为各相关专业院校最为热门的专业方向之一，而景观效果图则是景观设计者的一项重要基本功。它是设计者表达设计意图的重要手段。设计师可以通过快速的手绘效果图及时、准确地记录瞬间的灵感火花和创意思维过程，在笔与纸的摩擦之间使设计方案跃然纸上。一幅优秀的景观设计图不仅展示了作者的构思过程和设计方案，同时也是一幅不错的艺术作品。因此，熟练掌握景观效果图的绘制方法，首先要从景观设计中的各类景观要素（构筑物、植物等）入手并揣摩优秀景观设计作品的精髓，循序渐进，勤奋练习。在学习中不断体会、积累、领悟其中的要领，最终设计出以人为本，兼具文化内涵亦情亦理的现代景观环境。它是在满足功能要求基础之上，紧密结合科学性与艺术性，它体现了一个景观设计师的艺术素养和设计理念。这正是每位设计师的不断追求。

图 5-64　景观效果图　　作者：李磊

　　这幅效果图重点刻画了不同的植物，线条流畅、生动，如能注意钢笔线条的虚实、浓淡，会使画面前后关系更加清晰，画面效果会更加理想。

图 5-65 别墅庭院景观效果图 　　作者：谢曼星 　　指导教师：马澜

　　这幅景观表现图主要设计的是别墅的入口及庭院。作者结合欧式别墅的风格设计了庭院的休闲厅，凉亭的风格极具欧陆风情，别致的柱子让人过目不忘。整幅图结构明晰、透视准确、气势生动。钢笔线条流畅挺秀，刚柔并济，由此足见作者扎实的基本功。

图 5-66 景观效果图 　　作者：陈龙 　　指导教师：马澜

　　在景观设计的效果图中，公共设施、柱廊、亭台、雕塑、小品等内容都以自己的形与色来点缀装饰环境，极具感染力，是景观设计中不可或缺的重要内容。这幅效果图主要表现了近景的凉亭，并有意拉远了与其他景物的距离，使主体更加明确。在用笔上笔法严谨，线条肯定，远近虚实处理得当。

图 5-67　庭院景观效果图

作者：陈龙

指导教师：马澜

　　这幅效果图作者用大量的笔墨刻画了建筑物以及周围的各种植物，透视准确，画面空间层次丰富。钢笔线条富于变化，疏密得当，细腻流畅。

图 5-68　景观小品效果图　　　作者：陈龙　　　指导教师：马澜

　　这是一幅公园局部景观设计效果图。作者巧妙地在湖边设计了一座小木屋，一架水车，营造出悠闲、恬静的舒适气氛。整幅画前后关系处理准确，虚实得当。钢笔线条疏密有秩，尤其是对阴影及水面倒影的表现富于变化，恰到好处，远处植物线条勾勒得生动传神。

图 5-69　景观效果图

作者：谢曼星

指导教师：马澜

　　这是一幅景观局部效果图，以轻松简练的笔法快速地勾勒出凉亭的透视结构，颇具草图风格。此图比例关系准确，对建筑与植物的刻画也详略得当。

图 5-70　景观效果图　　作者：孙慧慧　　指导教师：马澜

　　这幅效果图着重刻画了具有民族风格的竹楼与小桥。作品采用钢笔和马克笔结合绘制。竹楼与小桥的质感表现得较好，但结构显得不够严谨；远景中的椰树处理得恰到好处，同时也丰富了画面。

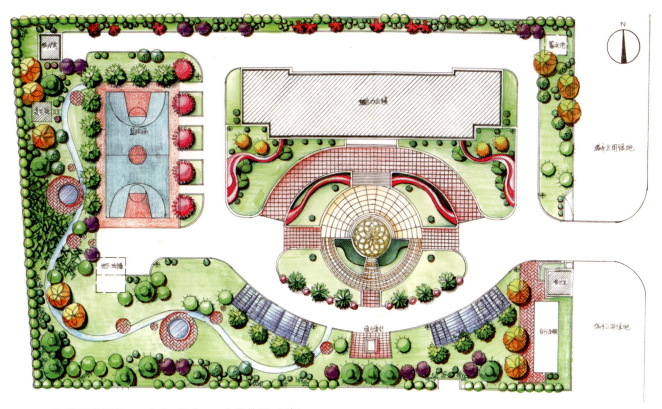

图 5-71　景观平面效果图　　　作者：陈龙　　　指导教师：马澜

　　在景观设计平面图中，建筑、道路、广场、水体、绿化常常通过各种形体的组合和穿插组织在一起。同时，利用图底关系组织画面，图底关系实际上也是明暗关系的表现形式，图可以是暗部，也可以是亮部；反之，底可以是亮部，也可以是暗部。这幅景观设计平面图就是按照上述的方法进行绘制的。

图 5-72　景观俯视效果图　　　作者：陈龙　　　指导教师：马澜

　　这幅景观鸟瞰效果图与上一幅景观平面图是一套图纸。作者以钢笔、彩色铅笔、马克笔结合绘制完成。建筑物仅以钢笔线条清晰勾出，既与景观形成对比，又突出了主题。整幅图线条勾勒准确，色彩清新、明快，符合小区景观的设计要求。

图 5-73　景观效果图
作者：李磊

这幅休闲广场的景观效果图，是以钢笔、马克笔、彩色铅笔绘制而成。在构图上以一点透视的角度形成强烈的视觉中心，通过详略得当的刻画体现了虚实景物的层次关系，在画面中突出了广场中心的喷泉和两旁的树木，体现了广场的空间纵深感。

图 5-74　建筑效果图　　　作者：王新飞　　　指导教师：马澜

这幅主要表现公共休闲空间的景观设计作品，作者以速写的表现手段表达出个人的设计构思。效果图采用马克笔、彩色铅笔的混合表现技法，表现手法于粗犷中不失精细，色调冷暖对比的把握适当，透视准确，人物画法也显示了作者扎实的基本功。

图 5-75　景观效果图

作者：张晋

指导教师：马澜

　　这幅以马克笔为主要绘制工具的景观效果图色彩清新，用笔纯熟，笔触衔接自然，颇有水彩韵味；钢笔线条也轻松、流畅。

图 5-76　景观效果图　　　作者：翟天然　　　指导教师：马澜

　　这幅效果图钢笔线条简练、流畅，用色大胆，不拘泥于固有色彩。不足之处是画面中树木及花坛的植物应具体描绘。

图 5-77 景观效果图

作者：张晋

指导教师：马澜

这幅效果图的主要特点是设色灵动、跳跃。图中色彩均使用了高纯度颜色，即使是绿色植物的暗部，也仅使用了翠绿色。亭台、小桥掩映在郁郁葱葱的树木之中，一幅生机盎然的景色跃然纸上。不足之处是近景处的植物还应细致刻画。

图 5-78 景观效果图　　作者：李磊

　　这幅效果图颇具草图风格，寥寥几笔将喷泉、公共休闲区、植物以及建筑跃然纸上。缺点是步行道两侧树木的绘制略显突兀，刻画过于简单。

图 5-79　景观效果图　　作者：李磊

　　这幅景观效果图的钢笔线条勾勒得准确、生动，用色也恰到好处。地面的暖色石材与蓝色天空，恰好形成色彩对比，增添了画面的气氛，充分展示了优美的环境景观，为人们创造了愉悦的心理感受。美中不足的是天空中云的处理，马克笔的笔触略显生硬，若使用彩铅将边缘进行过渡处理，效果会更加理想。

图 5-80　建筑效果图

作者：李磊

　　这幅景观效果图为了突出植物，作者不拘泥于固有颜色，特意使用灰色调描绘建筑与小路。植物的绿色也各不相同，浅绿、翠绿、橄榄绿、深绿使植物前后层次分明，那一抹紫色和一簇黄色小花更增添了画面气氛。

图 5-81　景观效果图　　　作者：李磊

　　一幅景观设计表现图的效果在很大程度上取决于整体调子的处理与把握。调子处理适宜就能使人感到清新、明快；反之，调子如果处理不当，就会使人感到灰暗、浑浊。这幅效果图在整体色调的处理上就很好。作者将建筑绘制成冷色调，与蓝色彩铅绘制的天空浑然一体；近景中的植物与水景色彩跳跃、活泼，尤其是喷泉的刻画，让画面动静结合，为整幅作品增色不少。

本章总结：
1. 在准确表达设计意图的基础上，再深化对表现图工具、材料、技法等的研究。
2. 体会并掌握建筑外观、室内环境、户外景观在表现技法上的各自特点。

课后练习建议：
1. 根据一套建筑外立面图及其平面图，绘制该建筑的外观效果图，自配建筑外环境，表现材料不限。
2. 根据一套室内空间立面图及其平面图，绘制该室内环境的效果图，自配环境色彩，表现材料不限。
3. 根据一套景观平面图，绘制该景观的真人视角效果图及其鸟瞰图，要求自定各环境构筑物比例，尺度合理，表现材料不限。

参考文献

1. 张绮曼，郑曙阳．室内设计资料集．北京：中国建筑工业出版社
2. 郑曙阳．室内表现图实用技法．北京：中国建筑工业出版社
3. 宋莲琴，娄隆厚．建筑制图与识图．北京：清华大学出版社
4. 林福厚．透视网格与阴影画法．北京：中国建材工业出版社
5. 冯安娜，李沙．室内设计参考教程．天津：天津大学出版社